道地中药材栽培技术

孙承都　马会丽　樊留栓　谢清华　主编

中原农民出版社
·郑州·

图书在版编目（CIP）数据

道地中药材栽培技术 / 孙承都等主编 .—郑州：中原农民出版社，2022.7

ISBN 978-7-5542-2523-3

Ⅰ.①道… Ⅱ.①孙… Ⅲ.①药用植物－栽培技术 Ⅳ.①S567

中国版本图书馆CIP数据核字（2022）第082024号

道地中药材栽培技术

DAODI ZHONGYAOCAI ZAIPEI JISHU

出 版 人：刘宏伟
策划编辑：周　军　张　淇
责任编辑：张　淇
责任校对：张茹冰
责任印制：孙　瑞
装帧设计：薛　莲

出版发行：中原农民出版社
地址：郑州市郑东新区祥盛街 27 号 7 层　　邮编：450016
电话：0371-65788097（编辑部）　0371-65788199（营销部）
经　　销：全国新华书店
印　　刷：新乡市豫北印务有限公司
开　　本：710 mm×1010 mm　1/16
印　　张：15.25
字　　数：235 千字
版　　次：2022 年 7 月第 1 版
印　　次：2022 年 7 月第 1 次印刷
定　　价：69.00 元

《道地中药材栽培技术》

编委会

主　编：孙承都　马会丽　樊留栓　谢清华

副主编：刘小磊　李建锋　梁　晶　刘立萍　赵　海

编　者：（按姓氏笔画排序）

王　帅　卢　林　刘芳芳　刘国彬　孙　晓

李　波　李云波　李亚亚　李彩景　杨　勇

何珊琼　陈根田　贺晓珺　栗　慧　贾鹏华

党　徽　董　军　穆雅菲

序

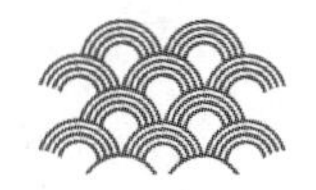

中医药文化是中华传统文化的重要组成部分，是中华民族几千年来在认识生命、维护健康、防治疾病的实践中逐渐形成的思想和方法体系。新冠肺炎疫情发生后，中医药在救治患者的过程中发挥了独特的作用，引起了国际社会的高度关注。国家适时提出“促进中医药传承创新发展”，夯实了中医药高质量发展的基础。

中药材作为中医药文化中的重要支撑部分，是关系国计民生的重要资源。发展中药材种植和加工，提高中药材质量，事关中医药事业发展大局。近年来，虽说介绍中药材生产方面的图书已浩如烟海，但随着科技的进步，中药材生产、炮制过程中又出现许多与时代发展紧密相关的新问题，因此中药材的栽培技术也应及时更新、与时俱进。

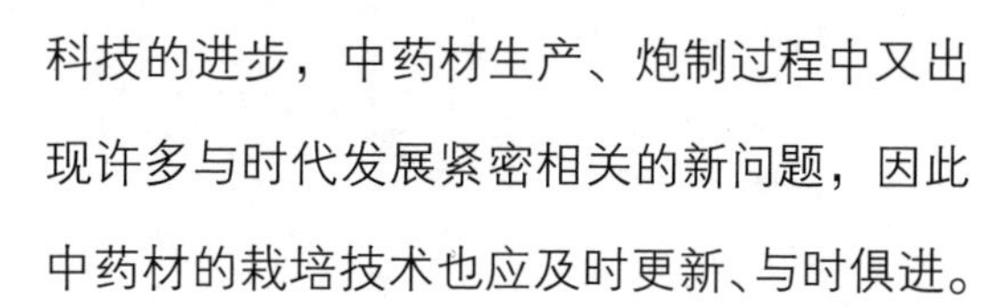

中国地域辽阔，地势、土壤、光照、温差等自然条件相去甚远，因此，中药材的栽培技术不可能放之四海而皆准，因地制宜尤其重要。

本书的编写团队中，有在生产一线耕耘的种植专家，也有专业素养过硬的教学专家。他们从不同视角对中药材的栽培技术进行了详细阐述。本书内容偏重于实践，具有很强的指导性。

目录

北柴胡

一、概述

北柴胡，伞形科柴胡属多年生草本植物，以根入药，为大宗常用中药材。北柴胡分布于我国黑龙江、吉林、辽宁、内蒙古、河南、陕西、甘肃、河北等地，多为野生，近年亦有较大面积人工栽培。北柴胡对土壤、气候和昼夜温差非常敏感，所以不同产地的品质相差很大。早年，以银川柴胡为上品；近年，嵩县柴胡药效更佳。

嵩县柴胡，河南省洛阳市嵩县特产，中国国家地理标志产品，在业界声誉很好。研究发现，因嵩县地理位置和气候条件特殊，当地所产柴胡中的柴胡皂苷和挥发油等有效成分含量更高。2004 年 12 月，国家质量监督检验检疫总局批准对“嵩县柴胡”实施地理标志产品保护。嵩县地域内生长的柴胡统称为嵩县柴胡，是中药材界公认的道地药材。在嵩县地域内大力推广柴胡生产种植，对提升柴胡品质，发展嵩县、洛阳乃至河南的中药材产业有着十分重要的意义。

二、生物学特性

1. 生物学特征

北柴胡，伞形科柴胡属多年生草本植物，主根较粗大，圆锥形，外皮棕褐色，质坚硬。茎单一或数茎丛生，微作“之”字形曲折。叶互生，倒披针形或椭圆状披针形，长 4 ~ 7 cm，宽 6 ~ 8 mm，先端渐尖，基部稍变窄，抱茎，质厚，稍硬挺，常对折或内卷，脉 7 ~ 9 条，叶表面鲜绿色，背面淡绿色，常有白霜。复伞形花序多分枝，梗细，常水平伸出，形成疏松的圆锥状；总苞片 1 ~ 4 片，针形，极细小，脉 1 ~ 3 条，常早落；小总苞片 5 片，线状披针形，细而尖锐；小伞形花序有花 5 ~ 10 朵，花瓣鲜黄色，上部内折，中肋隆起，小舌片半圆形，先端 2 浅裂；花柱基深黄色，宽于子房。双悬果广椭圆形，棕色，两侧略扁，棱浅褐色，粗钝略凸，每棱槽中有油管 3 条。花期 9 月，果期 10 月。

2. 生态习性

北柴胡常生于海拔 1 500 m 以下的山区，山坡、田野、林中隙地、路边、林缘。喜温暖湿润的气候，耐寒耐旱，忌高温和田间积水。幼苗期喜阴怕光，成株后需向阳生长。成株后生长旺盛易造成田间郁闭，应注意避免出现倒伏。北柴胡的种子有后熟性状，不耐贮存，不能隔年使用。

三、生产栽培管理技术

1. 选地整地

北柴胡地下部分属肉质根，耐旱忌涝；地上部分生长旺盛，茎部发达。种植时，应选择山坡地、腐殖土地、沙质壤土或夹沙土地等易排水、土质疏松肥沃、透气良好的地块种植。因北柴胡属半阴性作物，大田种植必须具备遮阴条件，尤其是苗期。生产上常选择林药间作或与玉米、黄豆、紫苏等作物间作套种以达到苗期遮阴的目的。

2. 繁殖方法

北柴胡一般用种子繁殖，春秋两季都可播种。

（1）春播

3月前播种，采取条播法。在田间以行距30 cm左右为标准用木棒开沟，沟深1.5 cm即可。将种子用土灰拌匀撒播于沟内，用扫帚顺垄在沟上扫过，将种子自然掩埋，每亩用种2.5～3 kg。播前应注意蓄足底墒，播后保持湿润，一般6～7天即可出苗。早春光照强度适宜，但苗期仍需要遮阴。也可选择林药间作模式，以创造适宜北柴胡种子发芽和幼苗生长的环境。幼苗长出6～8片叶时，可取下遮盖物。

（2）秋播

秋播应选择在适宜北柴胡生长、遮阴适当的地块，如玉米地或者黄豆地，用玉米或黄豆作物来遮阴。秋播的最佳时机在8月中旬至9月中旬。将种子撒播在沟内后，覆土0.5~1 cm，轻度镇压后浇水。种好后不需要再进行除草管理。

3. 田间管理

（1）夏季收割防倒伏

北柴胡生命力强，一旦雨水充足便会旺盛生长，春播当年就能开花结果，一般当年可采收种子产量每亩在10～20 kg。进入冬季，老秆干枯后应及时清理。第二年早春，北柴胡早发旺长，会将其他杂草全部遮盖。第二年的北柴胡投入管理用工很少，但必须注意的是，此时的北柴胡地上部分会生长旺盛，若不加控制，可长至2 m，主茎枝节周围能发十几个幼枝，从而导致田间郁闭。6～7月多雨高温，一旦遇到连日阴雨天气，北柴胡茎秆易倒伏，从而导致地面密不通风，肉质根将会腐烂。此时需提前收割地上茎秆，防止植株倒伏。

（2）清理除杂

秋收后，应及时将作物秸秆清理出地块。9～10月是秋播北柴胡幼苗的最佳生长期，待苗生长出6片叶以上即可安全越冬。第二年早春早发旺长，稍做除草就进入旺长季，此时不用过多管理。

4. 病虫害防治

根腐病 高温多雨季节极易发生根腐病。此期应提前收割地上茎秆，留高 10 ~ 20 cm 即可，以减少郁闭、通风散湿防止根腐。若来不及割除地上茎秆，可用 50% 退菌特可湿性粉剂 1 000 倍液喷洒预防。

黄凤蝶 6 ~ 9 月幼虫危害叶片、花蕾，可用青虫菌或者白僵菌 300 倍液喷洒防治。

5. 栽培管理技巧

6 ~ 7 月多雨高温，是北柴胡生长的危险期。此时北柴胡生长旺盛，一旦遇到连阴雨天气，易出现倒伏、田间积水，从而造成根部腐败。因此，宜选择易排水的山坡种植，或选择易渗透气的沙质土和腐殖土地块修排水沟渠，排水防积。也可在高温高湿雨季来临前，及时收割地上茎秆。

四、采收加工

常依据采收物的不同而采用不同的方法进行采收。

1. 采收

种子 采收种子时，应选择长势不太旺的地块。种植在此的植株茎秆稍低，不易倒伏，但仍需对茎秆加固预防倒伏，以确保种子产量和收益。一般种子亩产 20 ~ 40 kg，种子的市场价为每千克 20 ~ 30 元。

根部 北柴胡以根部入药，因此要采收根部时便不再留种。一般选择在柴胡苗长至 50 ~ 60 cm 时采收根部。选晴天土壤为黄墒时采收，割去茎叶，挖取根，去泥土，除杂质。

2. 加工

北柴胡生长一年或者两年均可收获，一年生北柴胡药材质量好，每亩可产干品 50 ~ 80 kg；二年生北柴胡产量高，每亩可产干品 130 ~ 150 kg。一般播种后生长两年即可采收，常于秋季植株枯萎时开始采收。采收时，割去地上茎叶，挖出根，抖净泥土，洗净晒干即可。折干率一般在 30% 左右。

置于阴凉干燥处，防潮，防霉。

五、品质鉴定

成品北柴胡干品药材，主根呈圆锥形或圆柱形，顺直或稍弯曲，根头膨大，下部有分枝，长 6 ~ 15 cm，直径 3 ~ 8 mm，外皮棕褐色，有纵皱纹、支根痕及皮孔。质较坚韧，不易折断，断面黄白色，有木质纤维管。气微香，味微苦。成品北柴胡以根条粗长、皮细、支根少者为佳。

六、药材应用

北柴胡性微寒、味苦辛，归肝经、胆经，有和解表里、疏肝利胆、疏气解郁、散火升阳之功效。主治心腹肠胃中结气，饮食积聚，寒热邪气，推陈致新。久服轻身、明目、益精，被列为上品。嵩县柴胡对普通感冒、流行性感冒、疟疾、肺炎等引起的发热有较好的退热效果。

现代医学研究发现，北柴胡有解表退热、疏肝解郁、抗肝损伤、抗辐射损伤、抗菌、抗病毒等作用，常用于治疗感冒发热、寒热往来、疟疾、肝郁气滞、胸肋胀痛、脱肛、子宫脱落、月经不调、病毒性肝炎、高脂血症等。需要特别说明的是，北柴胡对流感病毒有强烈的抑制作用，对第Ⅰ型脊髓灰质炎病毒引起的细胞病变具有抑制作用。

七、炮制方法

柴胡片 拣去杂质，除去残茎，洗净泥沙，捞出，润透后切厚片，晒干。

醋柴胡 取柴胡片，用醋拌匀，置锅内用文火炒至微干，取出放凉。每 100 kg 柴胡片，用醋 20 kg。

酒柴胡 取柴胡片用黄酒拌匀，闷润至透，置锅内用文火加热炒干，取出放凉。每 100 kg 柴胡片，用黄酒 10 kg。

炒柴胡 取柴胡片置锅内，用文火炒至微焦，喷入少量水，取出放凉。

蜜柴胡 取蜂蜜置锅内，加热至沸，倒入柴胡片，用文火炒至微黄，以不粘手为度。

八、使用方法

解表退热宜生用，且用量宜稍重；疏肝解郁宜醋炙；升阳可生用或酒炙。此外，柴胡还可用于食疗。

【示例】柴胡疏肝粥

原料：柴胡、白芍、香附子、枳壳、川芎、甘草、麦芽各 10 g，粳米 100 g，白糖适量。

做法：将原材料中的 7 味药煎取浓汁、去渣，粳米淘净与药汁同煮成粥，加入白糖稍煮即可。每日 2 次，温热服。

该品有疏肝解郁、理气宽中的功效。

九、使用禁忌

大叶柴胡的干燥根茎表面密生环节，有毒，不可当柴胡用。肝阳上亢、肝风内动、阴虚火旺及气机上逆者忌用或慎用。柴胡与皂荚、女菀、藜芦相克。柴胡含槲皮素，不宜与含各种金属离子的西药，如氢氧化铝制剂、钙制剂、亚铁制剂等同用，以防形成络合物，影响吸收。维生素 C 可以将柴胡所含苷类分解成为苷元和糖，从而影响疗效，故二者不宜同用。

黄精

一、概述

黄精，又名鸡头黄精、鸡爪参、黄鸡菜，百合科黄精属多年生草本植物，以根状茎入药。常见的有多花黄精、滇黄精和囊丝黄精。多花黄精分布于江苏、安徽、浙江、江西、福建、四川、贵州等地，滇黄精分布于广西、四川、贵州、云南等地，囊丝黄精广泛分布于黑龙江、辽宁、河北、陕西、宁夏、甘肃、河南、山东、江苏、安徽、浙江等地。黄精属大补药，今属药食同源，有延年益寿之功效，被列为药中上品。

二、生物学特性

1. 生物学特征

黄精，多年生草本植物，根状茎横生，圆柱状，肥大肉质，黄白色，有数个茎痕，结节膨大，生少数须根。茎直立，中空，圆柱形，单一，不分枝，茎高 50 ~ 90 cm，偶达 1 m 以上，有时呈攀缘状。叶无柄，轮生或互生，每轮 4 ~ 6 片，条状披针形，先端拳卷或弯曲成钩。花腋生，乳白色至淡黄色，成伞状，俯垂，通常有 2 ~ 4 朵花；苞片位于花梗基部，膜质，钻形或条状披针形；

花被筒状，中部稍缢缩，裂片 6 个。浆果多个，球形，直径 7 ~ 10 mm，黑色，具 4 ~ 7 颗种子。花期 5 ~ 6 月，果期 7 ~ 9 月。

2. 生态习性

黄精喜阴湿环境，喜阴、耐寒、怕干旱，在湿润荫蔽的环境下生长良好，在干燥的环境下则生长不良。适宜在土层较深厚、疏松肥沃、保水性能良好又利于排水的壤土中生长，不适宜在贫瘠干旱及质地黏重的土壤中种植。

三、生产栽培管理技术

1. 选地整地

黄精性喜阴湿，因此种植时应选择湿润和荫蔽充分的地块。黄精对种植土壤要求较高，必须是高水肥腐殖土、排水性能很好的地块才能种植。播种前应先深翻整地，结合深翻每亩施农家肥 2 000 kg 为基肥，耙细整平，做宽 1.2 m、高 15 cm 的畦。

2. 繁殖方法

黄精主要用根状茎繁殖，也可用种子繁殖。

（1）根状茎繁殖

收获时将新鲜的黄精切成有芽头的根段，一般每段长 7 ~ 10 cm，稍剪毛须根，待伤口晾干后栽种到整好的畦内，种植行株距为 20 cm × 40 cm，栽深 6 cm 左右。每亩用种根 200 kg 左右。栽后 5 天浇 1 次透水，上冻前在畦上撒施 1 次粪肥，以利越冬。

（2）种子繁殖

黄精种子成熟时呈黑色，种子八成熟时即可采收。待果皮腐烂后，去掉表面腐烂青皮，将种子洗净，选取成熟饱满的种子与湿沙以 1 : 3 的比例混匀，沙藏于透气性好的坡地。选择阳光充足且利于排水的地方深挖 20 cm，然后将沙藏种子放入土坑中，盖土 10 cm，用地膜覆盖越冬。第二年 3 月下旬筛出种子，按行距 12 ~ 15 cm 均匀撒播到畦面的浅沟内，盖土约 1.5 cm，稍压后浇水，盖一层草遮阴，采用苗床育苗法保湿育苗。待小苗的根茎部有手指肚大小时即可在大田点种，每亩 6 000 株左右。

3. 田间管理

种植黄精后要经常中耕除草。生长前期宜浅锄并适当培土，后期拔草即可。生长期若遇干旱应及时浇水。每年除草后可结合中耕浇水追肥，亩施农家肥 1 500 ~ 2 000 kg，有条件的可将 50 kg 过磷酸钙和 50 kg 饼肥混合拌匀后，于行间开沟施入，施后覆土盖肥。

黄精忌涝怕旱，因此要经常浇水，同时也要注意排水。生产中可与林果间作或者行间套种玉米。

4. 病虫害防治

黑斑病 多在春季、夏季、秋季发生，危害叶片。可在收获时清园，消灭病残株；发病前或初期，喷施 1 : 1 : 120 的波尔多液或者 50% 退菌特可湿性粉剂 1 000 倍液，每 7 ~ 10 天 1 次，连续喷施 3 次。

蛴螬、地老虎 用洗衣粉水诱杀成虫；将 3 ~ 4 kg 麸皮炒香，拌 50% 辛硫磷乳油 50 ~ 100 g 后，堆施或撒施于植株间防治幼虫。

四、采收加工

1. 采收

黄精需要正常生长 4 ~ 5 年才能高产，根状茎繁殖的黄精也可 3 年采收。一般春秋两季皆可采收，但秋季采收的黄精质量较好，常于秋季地上部分枯萎后进行采收。采收时要刨出根茎，抖净泥土，除去地上部分残茎及须根，洗净，剔除病杂。

2. 加工

上笼蒸 10 ~ 20 分钟，蒸至油润透心，取出晾晒，边晒边揉，揉晒至全干即可。亦可置水中煮沸后，捞出晒干或烘干。

一般情况下，每亩黄精可产鲜品 4 000 kg 左右、干品 800 kg 左右。

五、品质鉴定

干品黄精黄棕色，半透明，具皱纹，略呈圆柱形，质坚实，稍柔韧，易折断，断面黄白色，有众多棕黄色维管束小点散列。气微，味微甜，有黏性。

六、药材应用

黄精味甘、性平、无毒，归脾、肺、肾经，有养阴润肺、补脾益气、滋肾填精的功效。主治脾胃气虚，体倦乏力，胃阴不足，口干食少，肺虚燥咳，劳嗽咯血，精血不足，腰膝酸软，须发早白，内热消渴，属补虚药下分类的补阴药。常用于补气养阴、健脾、润肺、益肾。

现代医学研究发现，黄精有抗缺氧、抗疲劳、抗衰老作用，能增强免疫力，加快新陈代谢，有降血糖和强心作用。临床上用于治疗肺结核、癣菌病、高脂血症、糖尿病、慢性肝炎、免疫力低下症以及老年人寒热虚损、食少体弱、筋骨不坚、腰膝酸软等。

七、炮制方法

黄精片 取黄精，除去杂质，洗净润透，切厚片，干燥。

蒸黄精 取黄精，洗净，置笼屉内蒸至油润透心时，取出，切厚片。

炙黄精 取净黄精片，用清水浸润，煮后晒至五成干，拌蜂蜜润一夜，置锅内隔水加热，以蒸透为度。

酒黄精 取净黄精片用黄酒拌匀，置炖药罐内，密闭，隔水加热或上笼用蒸汽加热，炖至黄酒被吸尽；或置适宜容器内，蒸至内外滋润，色黑，取出，晒至外皮稍干时，切厚片，干燥。每 100 kg 黄精片，用黄酒 20 kg。

贮干燥容器内密闭，置于阴凉干燥处，防霉，防蛀。

八、使用方法

黄精味微甜，含有大量维生素和多种营养成分。可煎服、入丸、散熬膏，也可煎汤洗、熬膏涂或浸酒擦。此外，黄精还可用于食疗。

【示例】黄精肉饭

原料：粳米 100 g，黄精 25 g，瘦猪肉 300 g，洋葱 150 g，水、料酒、盐、味精、白糖、葱花、姜末适量。

做法：将猪肉洗净切丝，洋葱去老皮洗净切丝，黄精洗净切薄片。炒锅烧热，放入猪肉煸炒至水干，加入料酒、精盐、味精、白糖、葱、姜，煸炒至肉将熟，加入洋葱和适量水，小火焖烧至熟烂。将米洗净入锅，加适量水，大火煮沸时加入黄精，煮至水将收干，倒入肉菜，改为小火焖煮至饭熟即成。

该品具补中益气、润泽皮肤等功效，适合心血管系统病患者服食。

九、使用禁忌

中寒泄泻、痰湿痞满气滞者忌服。

丹参

一、概述

丹参，又名紫丹参、红根、大红袍等，唇形科鼠尾草属多年生直立草本植物，以根入药，为中医常用药。全国大部分地区都有分布，主产于四川、河南、安徽、山西、山东、陕西、江苏等地。丹参始载于《神农本草经》，被列为上品。

二、生物学特性

1. 生物学特征

丹参，多年生直立草本植物，高 40～80 cm，全株密被黄白色柔毛及腺毛。根圆柱形，肉质肥厚，外皮朱红色，内面白色，疏生支根。茎直立，四棱形，具浅槽，密被长柔毛，多分枝。叶对生，奇数羽状复叶，有柄；小叶通常为 5 片，3 片或 7 片的很少，顶端小叶最大，侧生小叶较小；小叶卵圆形至宽卵圆形，先端锐尖或渐尖，基部斜圆形或宽楔形，边具圆锯齿，草质，两面被白色柔毛。轮伞花序组成顶生或腋生的总状花序，小花轮生 3～10 朵；苞片披针形，上面无毛，下面略被疏柔毛；花萼钟形，紫色；花冠二唇形，蓝紫色，上唇直立，呈镰刀状，先端微裂，下唇较上唇短，先端3裂，中央裂片较两侧长且大；花盘前方稍膨大；子房上位，4深裂，花柱细长，柱头2裂，带紫色。小坚果椭圆形，黑色或棕色，长约3 cm。花期4～8月，果期8～10月。冬天以地下肉质根越冬。

丹参

2. 生态习性

丹参耐寒，适应性强，喜温暖湿润、光照充足的气候环境。生长发育期若光照不足、气温较低，幼苗便会生长缓慢，植株也发育不良。丹参对土壤酸碱度要求不高，适宜在地势向阳、土层深厚、中等肥力、排水良好的沙质壤土中生长。

三、生产栽培管理技术

1. 繁殖方法

生产上常采用种子繁殖、分根繁殖或扦插繁殖。种子繁殖又分春遮盖播种或夏秋套种播种两种。

（1）种子繁殖

春遮盖播种　一般选择早春种植。三、四月间按行距30～40 cm、株距20～25 cm点播或条播，每亩需种子2～3 kg。此时播种必须遮阴。生产上常采取林下种植，若进行大田种植，可盖草保湿或采取其他遮盖措施。

夏秋套种播种　夏秋播种播期在7月或9月，此时播种必须选择遮阴地块。生产上常将其与玉米、黄豆套种。与玉米套种时，一定要掌握好种植密度，最好采取宽窄行种植，行株距一般为 80 cm × 35 cm，过密会影响丹参采光。与黄豆套种时，同样要采取宽窄行种植，便于丹参出苗后管理。夏秋季高温多雨，大田种植出苗快，要抓好时机。

7 月也是丹参采种期，丹参种子长至八成熟时要及时采收，当年新采种子即可作为秋播用种，可随采随播（陈种子不宜采用），每亩地播种量不能少于 3 kg。此时玉米、黄豆已锄完两遍地，地里杂草已经除净。因丹参种子颗粒太小，不易深种。播种时将备种地表开沟 5 cm 深，将丹参种子播下，稍盖土，以免大雨将种子深埋。待玉米、黄豆收割后及时清理秸秆，这时丹参一般长出 4 ~ 6 片叶，稍做除草管理后即迅速生长。丹参苗长出 6 ~ 8 片叶时即可安全越冬。丹参属半冬性植物，冬天苗不干枯，第二年春天会旺盛生长。

（2）分根繁殖

作种栽培的丹参一般都留在地里，随挖随栽，这样可避免丹参种苗受到损伤。分根繁殖一般在 4 月栽种，也可在 10 月收获时随挖随栽。分根繁殖前先按 30 ~ 40 cm 行距和 4 cm 深开沟，每亩施农家肥 1 500 ~ 2 000 kg。栽植时选择直径 3 mm 左右、粗壮色红、无病虫害的一年生侧根作种根。将选好的种根剪成 5 cm 长的根段，边剪边栽，根条粗部向上直立穴栽，株距 25 ~ 30 cm，每穴放 1 ~ 2 枝根条。栽后覆土浇水，一般覆土厚度为 2 cm 左右。

分根繁殖要注意防冻，可盖稻草保暖。木质化的老根作种栽培时，萌发力差、产量低，不建议采用。

（3）扦插繁殖

丹参扦插繁殖于 6 ~ 7 月进行。选取丹参地上部分枝干，剪成 10 ~ 15 cm 长的枝段，剪去下部叶片，上部留 1 ~ 2 片叶作扦插种条。插前先整畦，按 30 cm 行距开沟，将剪好的插条按株距 10 cm 顺沟排放，斜插埋入土中 5 ~ 8 cm，浇水保湿，遮阴避光，约 2 周后即可生根成活。

2. 田间管理

（1）中耕除草

丹参一年要中耕除草 3 次，第一次在 5 月、苗高 10 ~ 12 cm 时进行，第二次在 6 月，第三次在 8 月。中耕除草要及时。

（2）追肥

生长发育期要结合中耕除草追肥 2～3 次，每亩施腐熟肥 1 000～2 000 kg、过磷酸钙 15 kg 或饼肥 30 kg。前期以氮肥为主，促进发棵；后期可追施磷肥、饼肥，促进根部生长。

（3）浇、排水

丹参种植密度高，但其肉质根喜湿怕涝。出苗期及幼苗期若土壤干旱，要及时浇水灌溉，否则杈根多、质量差、产量低。夏季多雨季节应提前做好排水沟，注意及时清沟排水，以防积水烂根、死棵减产。

（4）摘蕾

摘蕾去花是促进丹参增产的重要栽培措施。除留作种子的植株外，其他植株必须分次摘除花蕾，要随见随摘，以控制其生殖生长，促进根部生长。

3. 病虫害防治

根腐病　高温多雨季节易发生，危害丹参根部。受害植株地上茎叶枯萎死亡，地下根条发黑腐烂。应选地势干燥、排水良好的地块种植；雨季注意排水；发病初期用 50% 甲基硫菌灵 800～1 000 倍液或 70% 多菌灵 1 000 倍液喷施；及时拔除病株，并用石灰撒施拌土，防止蔓延。忌连作。

叶斑病　发病初期可以使用 50% 甲基硫菌灵 800～1 000 倍液或 70% 多菌灵 1 000 倍液喷施，并及时清除基部病叶。冬季焚烧处理病株。高温雨季要注意排水，防高温高湿。

棉铃虫　幼虫危害蕾、花、果，引起花蕾脱落，影响种子质量。可在现蕾期喷施 50% 辛硫磷乳油 1 500 倍液或者 50% 西维因 600 倍液防治。

蛴螬　幼虫常咬断幼苗或取食根部，造成缺苗或根部空洞，危害严重。施肥时肥料要充分腐熟，最好用高温堆肥；可用灯光诱杀成虫金龟子；用 50% 辛硫磷乳油 50～100 g 拌饵料 3～4 kg，堆施或撒施于种沟中，可收到良好防治效果。

4. 采种留种

丹参花期长，6 月以后可随熟随采。生产上利用种子后熟特性，当年秋播种子八成熟即可采摘。

冬季采挖根部药材，去掉杂质晒干即成药材，亩产 300 ~ 400 kg。

5. 特别提示

采收6月以后成熟的种子。陈种子不宜再进行栽培。早春种植要注意遮阴，夏季可与玉米、黄豆套种。

四、采收加工

1. 采收

春播丹参采收时间为12月上旬地上部分枯萎后至第二年春种子萌发前。若当年栽种当年采挖，则根不充实，产量低。丹参根入土深，质脆易断，采挖应选晴天地干时进行。

采挖时要将地上茎叶除去，在畦一端开深沟，使参根露出。顺畦向前挖出完整的根条，动作要轻，勿将根部挖断。挖出后，除去根部附着泥土，剪去残茎，晒干即成药材。

2. 加工

一般每亩可产干品丹参 300 ~ 400 kg。若需制成条丹参，则应在挖出丹参后，趁湿将直径 0.8 cm 以上的根条在母根处切下，顺条理齐，暴晒，不时翻动，至七八成干时扎成小把，再暴晒至干，装箱即可。

置于通风干燥处，防潮，防霉。

五、品质鉴定

鲜品根呈圆柱形，微弯曲，有时分枝。根长 10 ~ 25 cm，直径 0.8 ~ 1.5 cm，根上生多数细须根，枝根长 5 ~ 8 cm，直径 0.2 ~ 0.5 cm，表面棕红色至暗红色，粗糙，具纵皱纹。老根外皮疏松，显紫棕色，呈鳞片状剥落，质硬脆，易折断，断面不平坦，带角质或纤维性，皮部棕红色，木部灰黄色或紫褐色，导管束放射状排列。气弱，味甘，微苦。以条粗壮，色紫红，断面有菊花状白点者为佳。

六、药材应用

丹参味苦、性微寒，归心、肝经，为强壮性通经剂。有祛瘀、生新、活血、调经、通络止痛、清心除烦、安神宁心等效用。主治子宫出血，月经不调，闭经，痛经，产后瘀滞腹痛，症瘕积聚，血瘀，脘腹疼痛，跌打损伤，风湿痹证，疮疡肿痛，热病烦躁，心悸失眠等。

现代医学研究发现，丹参有活血、祛瘀止痛、凉血消痈、除烦安神等功效，可用于预防血栓、降血脂、护肝、抗肿瘤、增强机体免疫等。

七、炮制方法

丹参片 取原药材，除去杂质及残茎，洗净，润透，切厚度为1.5 mm的横片，晒干。

炒丹参 取丹参片置锅内，以文火炒至紫褐色、有焦斑为度，取出，放凉。

酒丹参 取丹参片，用黄酒拌匀，闷润至透，置锅内，用文火炒干，取出，放凉。每100 kg丹参，用黄酒10 kg。

醋丹参 取丹参片，用醋拌匀，微润，置锅内，用文火炒干，取出放凉。每100 kg丹参，用米醋10 kg。

米丹参 先用水湿锅，将米撒入锅内，加热至冒烟时，投入丹参片，用文火炒至深紫色，取出，筛去米，放凉。每100 kg丹参，用米20 kg。

置干燥容器内贮存。酒丹参、醋丹参密闭，置阴凉干燥处。

八、使用方法

煎服，活血化瘀宜酒炙用。丹参除可煎汤、浸酒、泡茶外，还可用于食疗。

【示例 1】丹参红花炖乌鸡

原料：乌骨鸡 800 g，丹参 10 g，红花 6 g，川贝母 15 g，味精 3 g，姜 5 g，大葱 6 g，盐 5 g，胡椒粉 2 g，料酒 10 g，水 2800 mL。

做法：将乌鸡、川贝母、红花、丹参、姜、葱、料酒一同置于炖锅内，加入 2 800 mL 清水，先用武火烧沸，再用文火炖煮 35 分钟，最后加入盐、味精、胡椒粉搅匀即成。

该品有滋阴、补肾、美容之功效，适合心律失常者服食。

【示例 2】温经丹参茶

原料：丹参 15 g，红糖适量，水 150 mL。

做法：丹参洗净后放入煮锅中加水煎煮。煎煮至剩下约 100 mL 的水量时，将丹参捞出，根据个人口味加入适量的红糖，搅拌均匀即可。

该品具有补气养血、温经活血的功效，对月经不调的女性很有帮助，但火旺出血者不宜服用。

九、使用禁忌

月经过多者及孕妇慎用。无瘀血者慎服。丹参与藜芦相克。丹参会促进恶性肿瘤转移，不宜与化疗药物环磷酰胺、氟尿嘧啶、阿糖胞苷等合用。丹参不宜与阿托品同用，阿托品可以阻断丹参的降压作用。

天麻

一、概述

天麻，为兰科天麻属多年生草本植物，富含天麻素、香荚兰素、蛋白质、氨基酸和微量元素，以根状茎入药。天麻广泛分布于河南、四川、云南、贵州、湖北、安徽、陕西、辽宁、吉林等地。天麻以其独特的药用价值和营养价值，成为药食同源的健康产品。目前市场求量较大，人工种植天麻已成为各地发展林下经济、山地高效农业的有效产业。

二、生物学特性

1. 生物学特征

天麻无根，也无绿色叶片，其根状茎肥厚，长椭卵形，横生而无须。茎单生直立，圆柱形，淡黄色，幼嫩时淡绿，成熟时略带赤红，株高在 1 m 以上。叶退化为鳞片状叶鞘抱茎。总状花序顶生，黄白色，花冠不整齐，常歪折。蒴果倒卵状椭圆形。花期 6 ~ 7 月，果期 7 ~ 8 月。

2. 生态习性

天麻喜凉爽、湿润、高度荫蔽的环境，野生天麻常生于腐殖质较多而湿润的林下、向阳灌丛及草坡中。天麻无根、无绿色叶片，不能进行光合作用,须与蜜环菌和紫萁小菇共生。初期，紫萁小菇为天麻种子萌发提供营养，种子萌发生成圆球茎（小麻）后，依靠自身体内的溶菌酶素（蛋白分解酶一类物质）溶解吸收蜜环菌的“菌丝”，生长成为常见的天麻块茎，并在适宜的温湿度条件下完成有性生长。天麻从种子萌发到再次生成种子的整个周期中，除约 70 天有性期在地表外，其余生长发育过程都在地表下进行，依靠蜜环菌提供的营养生长。

天麻

天麻怕冻、怕旱、怕高温、怕积水，在 10 ~ 12℃的环境下开始生长，在温度为 20 ~ 25℃、空气相对湿度为 65% ~ 80% 的环境下快速生长，在 30℃的环境下则生长停滞，在低于 10℃的环境下进入休眠期。温度在 20~25℃的时间越长，对其生长越有利。因此，天麻最适宜种植在海拔 600 ~ 1 300 m，年均 10℃左右，冬季不过于寒冷、夏季较为凉爽，年降水量 1 000 mm 以上，pH 为 5.5 ~ 6.0、腐殖质丰富、疏松肥沃、排水良好的沙质壤土。

三、生产栽培管理技术

天麻与蜜环菌密切共生，因此培养好蜜环菌材（或菌床）是栽培天麻的前提条件。

蜜环菌有适合生长的温度范围，6 ~ 30℃均能生长，25℃是最适生长温度，超过 30℃时菌丝会停止生长。蜜环菌是好气菌，在通气良好的条件下才能培养好。蜜环菌适宜生长湿度是 50%～70%，湿度低于 30% 会生长受阻，大于 70% 会因透气不好而不利于蜜环菌生长。蜜环菌好气，天麻喜湿，若湿度过大对蜜环菌不利，易导致蜜环菌腐败；湿度过小会抑制天麻生长，不利于天麻高产。因此，生产上要特别注意控制好温湿度。

1. 选地整地

一般选择海拔 600～1 300 m，腐殖质丰富、疏松肥沃、遮阴条件良好的山间林地。低海拔地区选东北或西北阴坡，中海拔地区选东南或西南阳坡，高海拔地区选正面阳坡。种植前在选择好的地块预先挖好坑穴，坑穴一般深 30 cm、宽 80 cm～1 m、长 1.2 m。

2. 繁殖方法

常采用种子或块茎进行繁殖。

（1）种子繁殖（菌材伴栽法）

备种 天麻蒴果成熟后即可采收果实待种。栽种前 3～5 天将 6～8 粒培育好的蒴果用 0.5 kg 萌发菌搅拌均匀，然后装在食品袋内发酵 3～5 天。天麻种子极小，由胚及种皮构成，无胚乳及其他营养贮备，发芽非常困难。种子萌发阶段，必须与紫萁小菇一类共生萌发菌建立共生营养关系才能萌发。

备料 计划种植前半个月，将直径 6～12 cm 的木材原料切成长 60 cm 或 80 cm 的木段，并均匀斜砍 3 行鱼鳞状口，深达木质部。直径为 1～5 cm 的木材切成 10～15 cm 的木段备用。

穴栽 在预先挖好的坑穴底先铺放 10 cm 厚、经消毒杀菌的干树叶，将预先开好鱼鳞状口的直径为 6～12 cm 的木段按 5 cm 间距平行摆放在坑内干树叶上。盖土约至木段一半深时，摆放小木段至面平。均匀撒放 3 kg 蜜环菌，接着撒放 2 kg 与萌发菌搅拌均匀的种子，然后再叠放一层大段木材和小段木材直至铺满封严为止，最后盖土 10～15 cm 封穴。盖土要稍高于地面起垄标记。照此方法依次种植，直至播种完成。

采收 第二年立冬后即可采收，一般每穴可采收天麻 30 kg 左右。大而有尖的为成品天麻，加工晒干即可销售；小而无尖的为一代原种天麻种子，再种植栽培 1 年可达高产。

（2）块茎繁殖（一代原种栽培方法 / 菌床栽培法）

用天麻块茎进行繁殖时，主要用无明显顶芽、个体较小的白麻和米麻作种麻，11 月至第二年 3 月为栽种适期，但以 11 月冬种为好。

备料 将直径 6～12 cm 的木材原料切成长 60 cm 或 80 cm 的木段，并均匀斜砍 3 行鱼鳞状口，深达木质部。

菌床（菌料）制备 常于天麻原种栽种之前提前进行蜜环菌发酵栽培，制备一代天麻原种栽培菌料。制备时，在计划种植天麻的地块挖 30 cm 深的坑穴，将开好鱼鳞状口的大段木材铺在坑底，按木材与蜜环菌 1∶15 的比例，将蜜环菌均匀撒在木材上，盖土封穴，经 10 个月以上时间充分发酵后，制备成适宜一代天麻原种栽培的蜜环菌料（菌床）。

菌床栽培 在新挖好的天麻栽植穴坑中（穴深 15 cm、宽 80 cm～1 m、长 1.2 m）撒上干树叶，然后将制备好的木材栽培料（菌料）平放其上，木材栽培料间距 3 cm，盖土填充间距至与木材等高。将天麻原种栽培在间距土中，按 5～8 cm 株距一个小天麻原种栽种，木材栽培料两头可多放几个，再加木段直至封满为止，最后盖土 10～15 cm 封穴至稍高于地面即完成。一般每穴用天麻原种 2 kg 左右。

块茎繁殖当年立冬后采收，每穴产量约 30 kg，大麻为成品麻，小麻可以作二代种子再种植，但产量不如一代原种高。常年种植天麻应以无性繁殖和有性繁殖交替进行，以保证天麻种质和产量。

3. 田间管理

天麻生长不需阳光，从种到收不施肥、不锄草、不喷农药。只要温湿度适宜，天麻就能正常生长。它不与农作物争地、争肥、争营养，是种植业中回报率较高的“懒汉黄金产业”。田间管理主要是防旱、防涝、防冻和防治病虫害。

（1）夏季增湿防旱降温

在不同的季节，天麻对水分要求不同。七、八月是天麻生长旺季，多雨潮湿的气候条件最适宜天麻生长。这期间如遇干旱，会影响块茎和幼芽的生长。因此，夏季可采用微灌、滴灌技术，适当增湿降温，促进天麻生长，增加天麻产量。但要注意避免过度浇灌，以防止因湿度过大致使蜜环菌腐败。

温度超过 30℃，天麻将生长停滞，因此应注意遮盖防暑。低海拔地区尤其应搭棚遮阳或覆草，防暑降温，帮助天麻和蜜环菌度过炎夏。天麻地上茎出土后，强烈的直射光会危害花茎，故育种圃应搭棚遮阳。

（2）秋季防涝

10 月是天麻生长周期的后期，气温过低会导致天麻生长停滞，即进入冬眠期。此时雨水多、土壤湿度大会导致蜜环菌生长过盛，从而引发天麻空心，甚至块茎腐烂，故应注意秋后防涝。开好排水沟，及时排水去湿，是确保天麻丰产的一项重要措施。

（3）冬季防冻

天麻耐寒冷，耐受的极限低温（地温）为 –5℃。如果初冬温度突然降低，会使天麻遭受冻害，尤其是新栽种的天麻。因此，冬季应注意天气预报，突然大幅度降温前应盖草防冻或者加厚盖土。

4. 病虫害防治

天麻常见病害主要是块茎腐烂。块茎腐烂是由多种原因引起的，因此要选择沙质壤土栽培，做好排水，严格控制环境的温湿度；培育菌材或栽种天麻时若发现菌材被杂菌感染，应筛掉，保持菌材纯度；质量良好的蜜环菌菌丝和菌索，在夜间氧气充足且温度在 25℃左右的环境下，能发出荧光；栽种时可加大接菌量，抑制杂菌生长；栽种时，菌材间的间隙要用沙土填实，盖土封穴应稍高于地面，以免积水。

四、采收加工

1. 采收

立秋后至第二年清明节前（冬春两季）均可采挖。冬至前采挖的天麻称为冬麻，质佳；立夏前采挖的天麻称为春麻，质次。

采挖时应小心将表土扒去，轻轻揭开菌材，取出天麻块茎，小心运回，以免损伤。

2. 加工

采收后应及时加工，不宜久存，以免块茎因病菌侵染腐烂霉变。具体加工步骤如下：

①洗刷去鳞：用毛巾或者稻草谷糠蘸水，反复揉搓刮除块茎上的鳞片粗皮，用水清洗干净。

②上笼蒸煮：用开水煮透或上笼蒸软。蒸煮以熟透无生心为度。

③晒干收贮：小批量天麻可直接翻晒晾干，大批量天麻晒干需时间较长，可分批烘干。烘干时要注意经常翻动，待麻体半干变软时，停火“发汗”；待麻体回潮后，再二次烘烤直至全干。烘烤全干的天麻可置干燥通风处贮存或者上市销售。

五、品质鉴定

加工后的商品天麻以个大沉重、肉肥厚、色黄白、质坚实、明亮润透有光泽，一端有干枯芽孢（俗称“鹦哥嘴”），无虫蛀、无霉变、无空心者为佳。

六、药材应用

天麻性平、味甘，有息风止痉、平抑肝阳、祛风通络的功效。主治头痛眩晕、半身不遂、肢体麻木、风湿痹痛、肝风内动、惊痫抽搐、小儿惊风、抽搐拘挛、破伤风等，是名贵中药材。古代常与灵芝合用治疗头痛失眠。

现代医学研究发现，天麻有镇静、镇痛、抗惊厥、增加脑血流量、增加冠状血管流量等作用。天麻多糖有免疫活性。天麻对血管性神经性头痛、脑震荡后遗症等，有显著疗效；能增强视神经的分辨能力，有明目和显著增强记忆力的作用。久服益气轻身，滋阴壮阳，补五劳七伤，利腰膝，强筋力，通血脉，轻身增年。

七、炮制方法

天麻片　取原药材，除去杂质，洗净，润透或蒸软，切薄片，干燥。

八、使用方法

煎汤，或入丸、散。天麻生用祛风止痛力强，多用于头痛、痹证；炒用镇静定惊力胜，多用于眩晕、抽搐。此外，天麻还可用于食疗。

【示例】天麻蒸鸡蛋

原料：天麻粉 6 g，鸡蛋 1 个。

做法：将鸡蛋一头开一小孔，灌入天麻粉，用浸湿的白纸粘贴住鸡蛋上的小孔，孔向上放入蒸笼内蒸熟即可。早晚各食服 1 次，10 天为 1 个疗程。停服 2 天再服，连服 3 个疗程。

该品对子宫脱垂有一定的辅助治疗作用。

九、使用禁忌

天麻不宜久煎。天麻的主要成分为天麻苷，遇热极易挥发。天麻与他药共煎会因热而失去镇静、镇痛的有效成分。孕妇慎用。老年人和婴幼儿不宜长期服用。忌与御风草根配伍应用。

与镇静药、麻醉药配伍应用不宜剂量过大；与抗心律失常药、降血压药配伍应用不宜用量过大；不宜与免疫抑制药配伍应用，可能降低疗效。

玉竹

一、概述

玉竹，别名铃铛菜、地管子、尾参，百合科黄精属多年生草本植物，根状茎横走，肉质黄白色，茎干强直，似竹箭竿，有节，故名玉竹。玉竹以干燥的根状茎入药，能滋阴润燥、生津止渴、除烦益气，适用于燥热咳嗽、虚劳发热、干咳少痰、体弱乏力等症，属药食同源类大补品药材。玉竹原产中国西南地区，但野生品种分布很广。在市场上属珍稀小品种类药材，种植前景可观。属伏牛山道地药材。

二、生物学特性

1. 生物学特征

玉竹，多年生草本植物，高 20 ~ 60 cm，地下根状茎横走，圆柱形，肉质，黄白色，有结节，密生多数须根。茎单一，自向一边倾斜，光滑无毛。叶互生，无柄，椭圆形或卵状长圆形，先端尖，基部楔形，全缘，叶片略带革质。花腋生，通常 1 ~ 3 朵簇生，花被筒状，黄绿色至白色，先端 6 裂，裂片卵圆形，带淡绿色。浆果球形，成熟后呈蓝黑色，具 7 ~ 9 颗种子。花期 5 ~ 6 月，果期 7 ~ 9

月。

2. 生态习性

玉竹原产中国西南地区，喜凉爽潮湿荫蔽环境，耐寒，忌强光直射与多风。野生玉竹分布很广，但大多生于凉爽、湿润、无积水的山野疏林或灌丛中，适宜温暖湿润的气候。

玉竹

三、生产栽培管理技术

1. 选地整地

玉竹喜湿忌燥怕涝，适宜生长在土层深厚、土壤肥沃、排水良好、富含沙质和腐殖质的疏松土壤，不宜在黏土、湿度过大的地方种植。忌连作。

播前深翻整地，每亩施入农家肥 3 000～4 000 kg 作基肥，整细耙平。

2. 繁殖方法

玉竹以根状茎繁殖为主，也可用种子繁殖。

（1）根状茎繁殖

玉竹属精耕细作类药材，种源稀少，多采用根状茎切块繁殖。玉竹根似竹根有节，生命力很强。在秋末（10 月下旬）或者初春（3 月上旬），将新鲜玉竹种根切成 8～10 cm 段，按行距 35 cm、株距 15 cm 点种大田，种时芽头向东南，栽深 6 cm 左右。玉竹种植管理方法与黄精相同，要选择肥沃的腐殖土壤，高水肥密植点种。应随挖、随选、随种，栽后 5 天左右浇 1 次透水，保墒促发。

（2）种子繁殖

玉竹与黄精同属，其种子和黄精种子一样宜沙藏处理，苗床育苗。

选取成熟饱满的玉竹种子，种子和沙土按照 1∶3 的比例均匀混合后，置于向阳处 20 cm 深的坑内，摊平后盖土 10 cm，用地膜覆盖保持湿润越冬。第二年 3 月下旬筛出种子，采用苗床育苗法，按行距 12 ~ 15 cm 均匀撒播到畦面的浅沟内，盖土约 1.5 cm，稍压后浇水，盖一层草苫遮阴，保湿育苗。播种后至出苗前，要经常检查畦面，发现干旱及时浇水，保持畦面湿润。出苗时及时撤掉覆盖物，以免损伤幼苗，有条件的可用松针薄覆一层，既能保湿又能防止杂草丛生，还能免去松土作业程序。出苗后根据出苗和幼苗长势情况，加强水肥管理，及时清除杂草。待苗高 8 ~ 10 cm 时，要及时适当间苗。待小苗的根茎部有手指肚大小，即可将其种根在大田点种。

3. 田间管理

栽种后要加强中耕除草等田间管理。

（1）中耕除草

幼苗生长期间要做好除草工作，及时清除田间杂草。玉竹生长前期苗小根浅，宜浅锄并适当培土；后期苗起身后切勿用锄，以免伤及根状茎，宜用手拔除。

（2）浇、排水

玉竹喜阴湿，怕旱忌涝，生长期若遇干旱应及时浇水。多雨季节应提前疏通沟畦，及时排除积水，时刻确保田间无积水。

（3）追肥

育苗移栽后第一年，在施足基肥情况下不用追肥。栽后第二年可结合中耕除草追肥浇水，亩施农家肥 1 500 ~ 2 000 kg；若有条件，可将 50 kg 过磷酸钙和 50 kg 饼肥混合拌匀后于行间开沟施入，施后覆土盖肥浇水。上冻前撒施一层经堆沤腐熟的堆肥、厩肥或土杂肥，每亩施 2 000 kg。

（4）遮阴

玉竹喜阴耐寒，忌阳光直射和燥热干旱，夏季应及时种植遮阴作物。生产上可与林果间作，或者行间套种玉米遮阴。

（5）防寒越冬

一年生幼苗要注意上冻前防寒。可于土壤上冻前撒施 1 次腐熟农家肥，或者在土壤上覆盖树叶、稻草，以使玉竹幼苗顺利越冬。

4. 病虫害防治

根腐病 高温多雨季节易发病，地下根状茎发病初期会出现淡褐色圆形病斑，然后逐渐腐烂，严重影响玉竹产量和品质。应选地势干燥、排水良好的地块种植；开好排水沟，雨季注意排水；发病初期可使用50%多菌灵500倍液进行根部杀菌；病害严重的植株应立即清除，并用石灰撒施拌土，防止蔓延。

叶斑病 多在夏秋季出现，雨季发病率高，主要危害叶片。最初叶片尖端出现椭圆形或不规则形、边缘紫红中间褐色的病斑，逐渐向下蔓延，最终导致叶片枯萎死亡。发病初期用1∶1∶120的波尔多液进行杀菌，每7～10天喷施1次，连续数次；或者使用50%退菌特1 000倍液喷施，每10天喷施1次，连续2～3次。及时清除基部病叶，冬季收获时焚烧清园，消灭病菌。

蛴螬、地老虎 播前深翻土地，亩施25～30 kg石灰，撒于土面后翻入，以杀死幼虫；施用腐熟的厩肥、堆肥，减少虫源；冬季清除杂草，减少成虫产卵。成虫用洗衣粉水诱杀防治。幼虫用3～4 kg麸皮炒香，拌50%辛硫磷乳油50～100 g，堆施或撒施于植株间防治。

四、采收加工

1. 采收

玉竹种植后3～4年即可采挖。秋季地上部分枯萎后至第二年开春发芽前皆可采挖，但春季采挖的玉竹品质不如秋季采挖的品质。采挖时刨出抖净泥土，去除残茎须根，洗净晾晒。

2. 加工

常采用晒或炕的方法加工玉竹。晒时白天晾晒，傍晚揉搓；炕时炕到发软时，边炕边揉，反复数次，揉搓至柔软光滑、无硬心、色黄白时，晒干备用。或者上笼蒸透熟后，揉至半透明，晒干，切厚片或段。

一般每亩可产玉竹鲜品2 000 kg、干品400 kg。

置通风干燥处，防霉，防蛀。

五、品质鉴定

玉竹干品呈长圆柱形，略扁，长 10 ~ 20 cm，黄白色至土黄色，半透明，表面环节明显，具细纵皱纹，根状茎终端或中间有数个白色圆盘状茎痕及圆点状的须根痕，少有分枝。质硬而脆或稍软，易折断，断面黄白色，颗粒状，横断面可见散列维管束小点。气微，味甘，嚼之发黏。以条长、肥壮、色黄白者为佳。

六、药材应用

玉竹味甘、性微寒，归肺经、胃经，具有养阴润燥、益气养胃、生津止渴的作用。常用于治疗热病伤阴引起的虚劳发热、燥热咳嗽、咽干口渴、干咳少痰、内热消渴、消谷易饥、小便频数、阴虚外感等症，属补虚药中的补阴药，《神农本草经》将其列为上品。

现代医学研究发现，玉竹有滋养镇静神经和强心的作用，适用于心悸、心绞痛；有降血糖、血脂、血压的作用，常用于治疗糖尿病、肺结核、心脏病；还有抗衰老及润肤美容的作用。常喝玉竹茶，能够减去身上多余的脂肪，消散皮肤慢性炎症。

七、炮制方法

玉竹片　取原药材，除去杂质，洗净，润透，切厚片，干燥。

蒸玉竹　取原药材，除去杂质，洗净，置适宜容器内蒸至外黑内棕，取出，晒至半干，切片，再晒至足干。

酒玉竹　取净玉竹片加黄酒拌匀，闷润，置笼屉内蒸透，取出，摊晾。

每 100 kg 玉竹片，用黄酒 25 kg。

炙玉竹 取炼蜜置锅内，加适量开水稀释后，投入净玉竹片，用文火炒拌均匀，以不粘手为度，取出放凉。每 100 kg 玉竹片，用炼蜜 12 kg。

贮密闭容器内置于阴凉干燥处，防霉，防蛀。

八、使用方法

煎服，熬膏，浸酒或入丸、散。鲜品捣敷，或熟膏涂。阴虚有热宜生用，热不甚者宜制用。玉竹也可用于食疗。

【示例】百合玉竹粥

原料：百合和玉竹各 20 g，粳米 100 g，白砂糖 8 g，水 1 000 mL。

做法：把百合和玉竹分别洗净备用；粳米淘洗干净，用冷水浸泡半小时，捞出，沥干水分。把粳米、百合、玉竹放入锅内，加入 1 000 mL 水，置旺火上烧沸，改用小火煮约 45 分钟，加入白糖搅匀，再稍焖片刻即可盛起食用。

该品有清热润肺、生津止渴的功效。

九、使用禁忌

痰湿气滞者禁服，脾虚便溏者慎服。

猪苓

一、概述

猪苓，又名猪茯苓、地乌桃，多孔菌科树花属药用真菌。猪苓子实体幼嫩时可食用，味道十分鲜美；地下菌核黑色、形状多样，是著名中药。在我国已有2 000多年的药用历史，为我国常用的菌类药材。猪苓在我国分布较广，主要分布于北京、河北、山西、内蒙古、吉林、黑龙江、湖南、甘肃、四川、贵州、陕西、青海、宁夏等地。

猪苓对土壤和气候环境条件及木材资源要求很高，适宜生长的地域有限，种植前景可观。

二、生物学特性

1. 生物学特征

猪苓，非褶菌目多孔菌科树花属药用真菌，其地下菌核体呈块状或不规则形状，表面为棕黑色或黑褐色，有许多凸凹不平的瘤状突起及皱纹；内面近白色或淡黄色，干燥后变硬。子实体生于菌核上，伞形或伞状半圆形，肉质，有柄，末端生圆形白色至浅褐色菌盖；菌盖中部下凹近漏斗形，边缘内卷。其子实体常多数合生，直径 5 ~ 15 cm 或更大，菌肉白色，干后草黄色。孢子无色，长卵状椭圆形，一端有尖。

猪苓

2. 生态习性

猪苓的生活史分担孢子、菌丝体、菌核、子实体 4 个阶段。担孢子是子实体产生的有性孢子，萌发后形成初生菌丝体。初生菌丝体质配后产生双核的次生菌丝，次生菌丝在生长环境下大量繁殖集结，在外部条件刺激下形成休眠体——菌核。菌核在平均地温达 10℃时开始萌发，但苓芽生长缓慢。当地温在 12 ~ 20℃时，菌核的萌发率迅速提高，体积、重量迅速增加，色泽从基部到中间由白变黄；地温在 25 ~ 30℃时，菌核停止生长，进入短期休眠。此时若遇连阴雨天，空气相对湿度增高，部分菌核生长出子实体，开放散出孢子，以孢子繁衍生息。随着地温下降，子实体很快枯烂。10 月以后，当地温降至 8 ~ 9℃时，猪苓停止生长，进入冬眠。第二年春又萌发分生新的菌核。

菌核大而多、分叉少的猪苓，俗称猪屎苓；结苓小、分叉多的猪苓，俗称鸡屎苓。在外界环境条件极端不利时，猪苓将停止生长，菌核老化，色泽变为深黑色，核体出现大小孔眼，直至腐烂。

猪苓性喜冷凉、湿润、怕干旱，适宜在海拔 1 000 ~ 2 000 m 的地区种植，喜肥沃湿润、富含腐殖质、排水良好的阴坡熟地。含水量为 30% ~ 50%、pH 为 5 ~ 7 的腐殖质土或沙壤土非常适合种植猪苓。

野生猪苓常生长于气候凉爽的山林中，有“松下茯苓，枫下猪苓”的说法。猪苓子实体的形成多发在多雨的三伏天。豫西产区平均地温达 9.5℃时，新苓萌发，地温达 12℃左右时新苓生长膨大，地温达 14℃左右时新苓萌发多、个体增长快。

三、生产栽培管理技术

猪苓与蜜环菌常密切共生。采用林下栽培，既防止破坏森林和水土流失，又能给猪苓创造适宜的生长环境。

1. 选地整地

一般选择在海拔 1 000 ~ 2 000 m 坡向东南或西南的半阴坡，土层深厚、腐殖质多、疏松肥沃的枫树、桦树等树下种植猪苓。顺势挖坑，采用坑栽。一般坑深 30 cm，宽 0.8 ~ 1 m，长 1.5 m，具体视情况而定。

2. 菌材准备

适合猪苓生长的菌材有枫木、柞木、桦木、橡木、榆木、槭木、山毛榉木等材质坚硬的硬杂木。在树木落叶后或者发芽前将鲜湿木料停放半月左右风干。将直径 6 ~ 12 cm 的木材锯砍成 60 cm 或 80 cm 长的木段，每段木头上斜砍 3 行鱼鳞状口，深达木质部，备用；将直径 1 ~ 5 cm 的木材锯砍成 10 ~ 15 cm 长的木段备用。栽种过天麻但尚未腐烂的旧菌材也可用来栽培猪苓，但要注意杀灭杂菌。

3. 菌种准备

选择完整无伤的新鲜野生小猪苓，或者挑选健壮饱满、外皮黑亮、完整、有一定弹性的成熟猪苓菌核作菌种。栽种前用消毒刀片将小猪苓或菌核切分成小块，每块大小如核桃一般。

4. 栽种

一般在冬春季种植。在挖好的坑穴内铺上 10 cm 厚的干树叶，消毒杀菌后，将大木材段平放其中，每段木材间距 5 cm，底层一般每穴放 8 ~ 10 段木材。

在木段间隙中填土，在每个空隙中放入 2 ~ 3 块菌种，两头空隙各放 1 块。尽可能让菌种的菌丝断面贴近鱼鳞状口或者木材断面木质部，以便快速着菌生长。将 2 ~ 3 kg 蜜环菌菌种均匀放入木材间隙，尽可能让猪苓菌种断面和蜜环菌紧密结合，以便快速生菌。最后，在上面均匀覆盖放置切好的小段木材即可。

依上述方法铺设第二层。第二层铺设完毕后，覆盖干树叶或者腐殖质土10 cm。覆盖要松紧适度，不要压得太实，也不要留有空隙。最后用土填埋10～15 cm，注意盖土要稍高出地面，既可避免低陷积水，又便于将来采挖（猪苓除产生子实体的短暂时间外，常年没于地下，不便于寻找）。

每穴用大小木材100 kg左右，猪苓种子2 kg左右，蜜环菌菌种不少于3 kg，每穴成本80元左右。坑穴木材放置量、菌种量、蜜环菌量可在种植的过程中灵活增减。

猪苓栽种后，一般3年才能长成采收。在菌核生长过程中，不要挖出检查猪苓生长情况，以免破坏猪苓和蜜环菌的生长环境，影响生长。菌种正常生长3年后可长出子实体，除留作菌种部分外，其他子实体均应摘除，以促进菌体生长。一般每穴可产猪苓20 kg以上。

5. 特别提示

猪苓以菌核入药，且与蜜环菌密切共生。栽培上既要满足蜜环菌生长的温湿度条件，又要满足猪苓生长的温湿度条件，环境既要透气，又要保湿和遮阴，还要严防杂菌感染。

栽种时要严格按标准操作，强化防菌意识，严防杂菌感染。

四、采收加工

1. 采收

猪苓一般栽后2年内产量不高，栽后3～4年才是成熟采收期。3年后一般全年都可以采收，但以冬春季采收为好。采收时挖出猪苓，除去沙土，去老留幼。

色黑质硬的称为老核（第一代、第二代猪苓），即商品猪苓。色泽鲜嫩（灰褐色或黄色）、核体松软的新核（第三代、第四代猪苓），可留下不采，让其继续生长或采收作种核再播。

2. 加工

收获后，除去沙土等杂物，晒干即可。生产上一般将收获的猪苓菌核去杂（避免水洗以防湿腐），置日光下自然晾晒；或者置通风干燥处晾干后，收贮装运销售。

猪苓一般用麻袋包装，每件 30 kg 左右，贮于仓库等干燥阴凉处，温度 30℃以下，相对湿度 65% ~ 70%。

高温季节前应对贮存仓库进行消毒，减少污染源。有条件的地方密封充氮，使贮存空间的氮保持在 10% ~ 15%、二氧化碳保持在 15% 左右。发现霉迹、虫蛀，应及时晾晒；严重时用溴甲烷（杀虫杀菌剂）、磷化铝（杀虫剂）等熏杀。

3. 野生猪苓的采收

野生猪苓多生长在海拔 600 ~ 3 000 m、坡度为 10° ~ 40° 的向阳山地、林下富含腐殖质的土壤中。除产生子实体的短暂时间之外，野生猪苓多数情况下没有地上部分作为标志，又因其多在夏秋多雨季节产生子实体（产生率是 10% ~ 15%），因此夏季是发现野生猪苓的最佳时机。一般埋藏较浅者才生长出子实体，在子实体的下方，只要除掉盖于表面的腐烂枝叶和浮土，通常就可以看到野生猪苓。野生猪苓常成对生长，若已经找到一坑，在此不远处还会有第二坑，一般与原坑相距 0.3 ~ 5 m。

猪苓采挖应采大留小，保护资源。采后将留下的部分覆盖上树叶，上面再压上一些土，以利于猪苓的再生长。

五、品质鉴定

成熟猪苓菌核呈不规则块状、扁块状、类圆形、条形或分枝如姜，长 5 ~ 25 cm，直径 3 ~ 8 cm；表皮黑色、灰黑色或棕黑色，皱缩或有瘤状突起；质实体轻，断面白色或黄白色，细腻略有颗粒。气微，味淡。一般不分级，以外皮乌黑光泽、质重、断面洁白无杂者（肉白而实）为佳。

六、药材应用

猪苓在我国药用历史悠久，主要作为利水渗湿药，为常用中药材。猪苓味淡、性平，归心经、脾经、胃经、肺经、肾经，可解热除湿、行窍利水。主治小便不利，水肿，泄泻，淋浊，带下。

现代医学研究发现，猪苓含有丰富的活性猪苓多糖，在抗癌试验中有较好的效果。食用嫩鲜猪苓对人体有很好的利水效果，目前在医药界应用广泛，在工业化加工方面也有应用，属新开发的大健康类食品。

七、炮制方法

猪苓片　洗净泥沙，除去杂质，浸泡，捞出润透，切厚片，晒干或者烘干备用。

八、使用方法

煎服，或入丸、散。此外，猪苓也可用于食疗。

【示例】猪苓瓜皮鲫鱼汤

原料：鲫鱼1条，猪苓6g，冬瓜皮10g，生姜2片，调味料适量。

做法：鲫鱼去鳞、鳃及内脏，洗净。猪苓、冬瓜皮、生姜洗净，与鲫鱼一起放入砂煲内，加清水适量。武火煮沸后，改用文火煲2小时，调味食用。

该品有健脾去湿、消肿利水的功效。

九、使用禁忌

利水之功较强，但久服必损肾气，内无水湿及小便过多者忌用。忌食猪油，少食油腻。

苍术

一、概述

苍术，又名赤术、山刺叶、枪头菜，菊科苍术属多年生草本植物，以根状茎入药。按照产地大体分为两大类：北方产的北苍术和南方产的南苍术（茅苍术）。北苍术产于河南、陕西、黑龙江、吉林、辽宁等地，南苍术产于安徽、浙江、江苏等地。受南北气候交汇影响，豫西地区所产苍术品质在中药界有很高的声誉，属河南省道地药材。通过近几年对野生苍术种子的驯化引种繁育，生产上已经摸索出成熟的大田种植技术，并且正在普及推广中。

二、生物学特性

1. 生物学特征

苍术，多年生草本植物，根状茎粗长，平卧或斜升，通常呈疙瘩状，生多数不定根。茎直立，高 30 ~ 100 cm，单生或簇生，基部叶花期脱落。茎叶几无柄，茎中下部叶片较宽，卵形或长卵形，一般 3 ~ 5 羽状深裂；茎上部叶不分裂，倒长卵形、长椭圆形或披针形。全部叶硬纸质，两面绿色无毛，叶缘具硬刺齿。头状花序单生茎枝顶端，总苞钟状，苞片 5 ~ 6 层，苞叶鱼鳞状全裂或深裂。小花白色，瘦果倒卵圆状，密生顺向贴伏的白色长直毛。花果期 6 ~ 10 月。

2. 生态习性

苍术喜凉爽、耐寒、怕高温多湿，30℃以上生长停滞，常野生于阴坡疏林边、灌木草丛中。苍术生命力强，荒坡地皆可种植，耐旱，但忌水浸，受水浸后，根易腐烂，故低洼积水地不宜种植。苍术忌连作，适宜在微酸性土壤上种植。

苍术

三、生产栽培管理技术

1. 选地整地

选择土层深厚、排水良好、疏松肥沃、光照充足的壤土、腐殖质壤土或沙质壤土种植。亩施农家肥 2 000 kg。采用大垄高床技术起垄种植，垄床宽 130 ~ 140 cm、高 10 ~ 12 cm，长度视情况而定，床间距 30 cm。

2. 繁殖方法

一般有种子繁殖和根茎繁殖两种。

（1）种子繁殖

一般在早春用苗床繁殖。选择肥沃疏松、土层深厚、排灌条件好的沙质壤土或腐殖质壤土做成苗床，用二年生留种田收获的种子播种，用种量一般在 8 ~ 10 kg。播前最好温汤浸种催芽，即将备播种子放入 25 ~ 30℃温水中浸种 24 小时，捞出置 25℃左右的室内催芽，淋水保湿，3 ~ 4 天种子刚开始露白即可播种。苗床繁育需要遮阴，要认真采取遮阴措施。

第二年早春将苗床苍术点种大田，大田移栽一般采用 20 cm × 40 cm 行株距宽窄行密植，等苗出齐后加强田间除草管理。

(2)根茎繁殖

播前深耕整地，施足基肥，一般亩施基肥和根部生长复合肥 75 kg。将二年生成品苍术鲜根块剪去毛须根后，再切成 2～3 cm 的小块，用草本灰拌种，晾干后开沟点种。采用 20 cm×40 cm 行株距密植，每亩用种块 200 kg 左右，种块放好后盖土 5～7 cm 即可。

3. 田间管理

(1)中耕除草

幼苗期苗圃田应勤除草松土，结合中耕施农家肥 1～2 次；定植后应注意及时中耕除草，结合中耕培土，防止倒伏。

(2)追肥

苍术长势很旺，喜水喜肥，属高水肥作物，一般每年追肥 2～3 次。第一次在 5～6 月苍术旺盛生长时施提苗肥，每亩追施农家肥约 1 000 kg；第二次在 7～8 月追施磷、钾肥，开沟环施，结合培土，以防倒伏；第三次追肥在 8～9 月开花前，每亩施农家肥 1 000～1 500 kg，或者施用根部生长复合肥，同时可增施草木灰和过磷酸钙促进植株健壮生长。

(3)浇、排水

根状茎类药材都怕高温雨季地块积水，因此必须重视雨后排水。高温雨季应注意及时排水防涝，以免烂根死苗，降低产量和品质。若遇天气干旱，要适时浇水，保持土壤湿润，促进苍术健壮生长。

(4)摘蕾

在 7～8 月现蕾期，对于非留种地的苍术植株，应及时摘除花蕾，以利于其地下部分生长。10 月培土保苗越冬。

4. 病虫害防治

根腐病　高温多雨季节易发病，受害植株地上茎叶枯萎死亡，地下根条发黑腐烂。应选地势干燥、排水良好的地块种植；开好排水沟，雨季注意排水；病害严重的植株立即拔除焚毁，并用石灰撒施拌土，防止蔓延。

蚜虫　危害叶片和嫩梢，尤以春夏季最为严重。可用 1：1：10 的烟草石灰水喷洒防治。

小地老虎 用3 ~ 4 kg 炒麸皮拌 50% 辛硫磷乳油 50 ~ 100 g，堆施或撒施于种沟中，防治效果良好。

四、采收加工

1. 采收

种子一般在 10 月底至 11 月初采收。收割苍术地上部分后，将其捆扎倒挂晾晒，使种子后熟。晾干后脱粒收贮。一般亩产种子 20 ~ 30 kg。

采收药材可于采收种子后进行，采挖时注意要将植株整个挖起。

2. 加工

将植株整个挖起，抖去泥土，剪除茎秆，将根状茎晒干或烘干。晒根状茎时，可于晒到五成干时将其装进筐中，摇晃撞去部分须根；晒到六七成干时，将其再放入筐中撞 1 次，以去掉全部老皮；晒到全干时，将其放入筐中最后撞 1 次，待表皮呈黄褐色，即成商品。烘干时，初始用大火，待蒸汽上升时减薪降温并不断翻动查看根状茎。待根状茎八成干时停止加热，在室内堆放“发汗” 5 天后，晾晒至全干收贮。

一般亩产鲜苍术 2 000 ~ 3 000 kg，干品药材 800 kg。

五、品质鉴定

苍术根状茎呈疙瘩块状或者结节状圆柱形，常弯曲并具短分枝，表面黑棕色，质较疏松，易折断，断面稍不平，类白色或黄白色，散有多数黄棕色油室（俗称朱砂点），放置后不析出结晶。气淡，味苦辛。以个大、质坚实、断面朱砂点多、香气浓者为佳。

六、药材应用

茅苍术 根状茎呈不规则结节状或略呈连珠状圆柱形，有的弯曲，通常一分枝，长 3 ~ 10 cm，直径 1 ~ 2 cm。表面黄棕色至灰棕色，有细纵纹、皱纹及少数残留须根，节处常有缢缩的浅横凹沟，节间有圆形茎痕，往往于一端有残留茎基，偶有茎痕，有的于表面析出白色絮状结晶。质坚实，易折断，断面稍不平，类白色或黄白色，散有多数橙黄色或棕红色油室（俗称朱砂点），暴露稍久，可析出白色细针状结晶。横断面于紫外光灯下不显蓝色荧光。香气浓郁，味微甘而苦、辛。

北苍术 根状茎多呈疙瘩块状，有的呈结节状圆柱形，常弯曲并具短分枝，长 4 ~ 10 cm，直径 0.7 ~ 4 cm。表面黑棕色，外色油室，放置后不析出结晶。香气较弱，味苦、辛。

七、炮制方法

苍术片 除去杂质，洗净，浸泡八成透，捞出闷透，晒至七成干，切 3 mm 横片，晾干或者低温晒干。

炒苍术 取净苍术片，置锅内，用文火炒至表面微黄色，取出放凉。

制苍术 取净苍术片，用米泔水浸泡片刻，取出，置锅内，用文火炒干，取出放凉。

焦苍术 取净苍术片，置锅内，用武火加热，炒至表面焦褐色，取出放凉，筛去灰屑。

苍术炭 取净苍术片，置锅内，用武火炒至表面黑褐色时，喷淋清水少许，炒干取出晾透。

麸炒苍术 取麸皮和净苍术片，置锅内，炒至表面深黄色，取出，筛去麸皮，放凉。每 100 kg 苍术片，用麸皮 10 kg。

盐苍术　取净苍术片，置锅内，用武火炒至表面焦黑色，喷淋盐水，炒干，取出放凉。每 100 kg 苍术片，用盐 5 kg。

贮密闭容器内，置阴凉干燥处，防潮，防泛油。

八、使用方法

煎服，可用于食疗。人们常于端午节时将苍术与白芷在室内同燃，以避疫杀菌。

【示例】苍术猪肝粥

原料：猪肝 100 g，苍术 9 g，小米 150 g。

做法：将苍术焙干研末，将猪肝切成两片相连状，掺药在内，用麻线扎定，与小米加水适量，放入砂锅内煮熟即可。每日 1 次，连服 1 周。

该品有养肝明目的功效，适合两眼昏花者服食。

九、使用禁忌

阴虚有热、大便燥结、多汗者不宜食用。

桔梗

一、概述

桔梗，又名苦桔梗、白桔梗、苏桔梗，以根入药，为中医常用药。桔梗为多年生草本植物，开蓝紫色花，可用作观赏花卉种植，其肉质根是常用药材，属药食同源类品种。

二、生物学特性

1. 生物学特征

桔梗，多年生草本植物，根肉质，圆柱形，或有分枝。茎直立，高 30 ~ 60 cm，通常无毛，较少分枝。叶近于无柄，中下部叶对生或轮生，上部叶时为互生；叶片卵状披针形，边缘有锯齿。花朵单生于茎顶，或数朵成疏生的总状花序；花萼钟状，先端 5 裂；花冠大，蓝紫色；蒴果球状倒卵形，熟时顶部 5 瓣裂。种子卵形，有 3 棱。花期 7 ~ 9 月，果期 8 ~ 10 月。

2. 生态习性

桔梗喜温暖湿润的环境，耐寒，喜光。气温 20℃时最适宜其生长，能耐 −21℃低温。其肉质根忌积水，积水易导致烂根，因此栽培土壤必须利于排水。适宜种植在土质松软的地块。

桔梗幼苗在6月以前生长缓慢，7～9月边现蕾边开花，8～10月陆续结果，10月下旬后地上植株逐渐枯萎，以地下肉质根越冬。

桔梗

三、生产栽培管理技术

1. 选地整地

桔梗适宜种植于较疏松的土壤中，以半阴半阳的山坡地最佳，平地栽培要有良好的排水条件。桔梗不宜连作。

桔梗花期较长，需肥量大，有较长的肉质根，大田直播最好起垄种植。生产上可于播前施足基肥，深翻整地，整平后起垄。起垄时先在大田按2 m距离撒白石灰画线，然后沿线按宽30 cm、深25 cm开沟，做成1.7 m宽的垄床以备播种。如遇干旱，可沿沟灌溉；雨天排水防积。

2. 繁殖方法

采用种子繁殖。通常采用大田直播，也可育苗移栽。一般情况下，大田直播的产量和品质都优于移栽。

播种时期 春播和秋播均可，以秋播最好。由于桔梗种子颗粒微小，冬季和早春地温低时，种子处于休眠状态，早春温度和湿度适宜时方才萌动。春播以3月下旬至4月上旬为宜，秋播以10月下旬至11月上旬为宜。

浸种 播前浸种，可提早出苗。亩播种量2～2.5 kg。

高锰酸钾溶液浸种：播前用0.3%高锰酸钾溶液浸种6～8小时，取出冲洗去药液，稍晾后将种子与适量草木灰拌匀撒播。

温汤浸种：于播前5天将种子置于温水中，搅拌至水凉后，再浸泡4小时，捞出用湿布覆盖或者包裹。每天早晚用温水冲洗 1 次保湿，约 5 天，待种子萌动时即可播种。或者于播前用温水浸种 12 小时，捞出稍晾后拌土或者拌适量草木灰撒播。

大田直播 大田直播常采用开浅沟条播种植。播前于畦面按行距 13 ~ 17 cm 开沟条播，沟深 1.5 ~ 2 cm，播幅宽 10 cm 左右，沟底要平整。播时将种子与适量草木灰拌匀后均匀撒入沟内，再撒施薄层细土稍加镇压，以不见种子为度，盖草保温保湿。春播约 2 周后出苗，秋播则于第二年春季出苗。

3. 田间管理

(1) 覆盖

桔梗出苗较慢，生产上要采用覆盖保护措施，以利出苗。生产上常用农作物秸秆，如麦秸、玉米秸秆等，在桔梗田表层覆盖一层，覆盖的目的是保持土壤的温度和湿度，以利出苗。出苗后，可于傍晚或早晨揭除盖草炼苗，或者在阴天时移除覆盖物，以免影响桔梗幼苗生长。

(2) 间苗、定苗

出苗过密应及时疏苗，苗齐且稳定生长后，应结合松土除草，以 5 ~ 7 cm 株距定苗，然后施稀农家肥。施后撒土培土，防止倒伏。

(3) 中耕除草

桔梗幼苗期要勤除草，一般苗期要除草 3 ~ 4 次。第一次除草在出苗后进行。第二次除草在幼苗长出 4 ~ 6 片叶时进行。此期最好选阴天用手拔草，以防拔草时把幼苗根际土壤带松而导致死苗。第三次除草在幼苗 6 ~ 8 片叶时进行。第四次在入伏后、苗长出 8 ~ 10 片叶时进行。第二年结合情况除草 2 ~ 3 次。

(4) 追肥、排水

苗期需追施氮肥 1 ~ 2 次，每次亩施稀薄农家肥 1 500 ~ 2 000 kg 或者尿素 10 kg。抽薹现蕾后要培土壅根，以防倒伏。入冬后重施越冬肥，在桔梗田表层撒施人畜粪肥每亩 2 000 kg、过磷酸钙 25 ~ 30 kg。第二年入夏后适当控制氮肥，配合追施磷、钾肥，可使茎秆粗壮。

多雨季节应注意及时清沟排水，严防田间积水。

（5）摘芽、疏花

为促进桔梗主根生长，必须摘芽，每株只留1～2个主芽，其余全部摘除。

桔梗花期较长，需肥量大，花朵的生长发育会消耗大量营养。摘除花果可减少过多消耗养分，提高药材产量。在盛花期喷洒40%乙烯利1 000倍液，基本上可以达到疏花的目的，可显著增产。

4. 采种留种

桔梗花期长，其抽薹开花先从上部开始，由上至下；果实成熟也由上至下，先从上部成熟。北方种植的桔梗，后期所结种子常因气候影响不能完全成熟，不利于种子采收。生产上可在8月下旬至9月上旬剪去侧枝和顶端部分花序，使营养集中供给果实，促使种子饱满，提高种子质量。8～10月，蒴果变黄时，带果梗割下，放通风干燥处后熟2～8天，然后晒干脱粒。桔梗种子应及时采收，否则果实开裂后种子会散落。

5. 病虫害防治

根结线虫病　感染初期植株地上部分症状不明显；严重时，地上茎叶早枯，拔起后根部有病状突起。可以在播种前15～20天，用石灰对土壤进行消毒；亩施100 kg饼肥作基肥，可减轻危害；可与禾本科作物进行轮作。此虫害会严重影响药材品质，因此务必重视。

根腐病　危害根部，受害根部出现黑褐斑点，后期全株腐烂枯死。可在发病初期用50%退菌特可湿性粉剂500倍液或者50%多菌灵1 000倍液灌注根际。也可拔除病株集中焚烧销毁，病残株土壤用生石灰消毒，清除病源。雨后注意排水，田间不宜过湿。

炭疽病　主要危害茎秆基部，初期为褐色斑点，后逐渐扩大，后期病部收缩、植株倒伏。夏季高温高湿时易发病，蔓延迅速，植株成片倒伏死亡。可在幼苗出土前用20%退菌特可湿性粉剂500倍液喷洒预防；发病初期喷1∶1∶100的波尔多液或50%甲基硫菌灵可湿性粉剂800倍液，每10天喷1次，连续喷3～4次。

轮纹病、斑枯病　危害叶片，发病初期喷1∶1∶100的波尔多液或50%多菌灵1 000倍液，连喷2次。

白粉病 主要危害叶片。发病时，病叶上布满灰粉末，严重时全株枯萎。发病初期用0.3波美度石硫合剂或白粉净500倍液喷施，或用20%的三唑酮可湿性粉剂1 500倍液喷洒。

地老虎 播前深翻，冬季清除杂草，减少成虫产卵。成虫用洗衣粉水诱杀防治。幼虫用20%杀灭菊酯乳剂600倍液喷洒在鲜草上作毒饵诱杀；或者将3～4 kg麸皮炒香后拌50%辛硫磷乳油50～100 g堆施或撒施于棵间防治。

6. 特别提示

苗期管理关键是前期除草，目前最便捷的办法就是施用专用灭草剂。在施用灭草剂时，一定要购买正规厂家的产品，询问清楚施用时期、施用方法，严格按照说明使用，同时保存好包装、做好生产记录以备生产查询。

7. 栽培管理技巧

桔梗种子颗粒微小，不论开沟还是平种，种子不能盖土。休眠种子和土壤自然结合后，在早春温湿度适宜时，种子很快会生根发芽。但因种子颗粒小，苗细弱，根系尚未深入土壤，所以大田直播时必须用树叶或者秸秆覆盖，不然早春的太阳会灼伤幼苗。覆盖树叶或秸秆的地块，在出苗情况良好时，要及时将覆盖物收起来晾苗。晾苗时一定要留意天气预报，最好选择在3日内阴雨天或多云天收起覆盖物。若遇晴朗天气，可于傍晚收起覆盖物，早晨太阳出来前再盖上覆盖物，连续2～3天。

四、采收加工

1. 采收

播种后2～3年即可采收。播种后第一年采收，不仅产量低，有效成分含量也不高。播种后第二年采收，收获量较小，因此最好于第三年秋末采收。采收时，先将地上茎叶割去，用镢头刨挖，去净泥土，削去侧须根和根茎（芦头），趁新鲜水分大，用刀片或竹片刮去外皮，晒干即可。

应注意的是，刨出后要及时刮皮，否则时间一长，根皮很难刮除。刮除根皮，有利于干燥。

一般情况下，每亩可产桔梗鲜品 2 000 ~ 3 000 kg、干品 400 ~ 500 kg。

2. 加工

刮去外皮晒干后，放清水中浸泡 2 ~ 3 小时，润透，切 1.5 mm 横片，再晒干备用。置于通风干燥处，防霉、防潮、防蛀。

五、品质鉴定

桔梗根部呈圆柱形或纺锤形，下部渐细，少有分枝，长 6 ~ 20 cm，直径 1 ~ 2 cm，表面淡黄白色，微有光泽，皱缩，有扭曲的纵沟，并有横向皮孔纹痕及支根痕，有时可见未刮净的黄棕色或灰棕色栓皮。上端根茎 (芦头) 有半月形的茎痕，质硬脆，易折断，折断面略不平坦，可见放射状裂隙，皮部类白色，形成层环棕色，木部淡黄色。气微，味苦。以根肥大、白色、质充实、味苦者为佳。

六、药材应用

桔梗味苦、辛，性平，归肺经，有宣肺利咽、祛痰止咳、排脓等功效。主治咳嗽痰多，胸闷不畅，咽喉肿痛，音哑，肺痈吐脓，疮疡脓成不溃等。

现代医学研究发现，桔梗具有祛痰、镇咳、抗炎、镇静、镇痛、解热、降血糖、抑制胃液分泌和抗溃疡等作用，属化痰止咳平喘药下分类的清热化痰药。

桔梗药材

七、炮制方法

炒桔梗 取桔梗片置锅内用火炒至表面微黄色。

蜜桔梗 将炼蜜用适量开水稀释后置锅内，倒入桔梗片拌匀，闷透，用文火炒至表面呈黄色，以不粘手为度，取出放凉。每 100 kg 桔梗，用炼蜜 24 kg。

八、使用方法

煎服，或入丸、散，也可用于食疗。

【示例】桔梗冬瓜汤

原料：冬瓜 150 g，杏仁 10 g，桔梗 9 g，甘草 6 g，食盐、大蒜、葱、酱油、味精适量。

做法：将冬瓜洗净、切块，放入热油锅中，加食盐煸炒后，加适量清水，下杏仁、桔梗、甘草一并煎煮至熟后，以味精、大蒜等调料调味即成。每日 1 剂，佐餐服食。

该品具有疏风清热、宣肺止咳的功效，适合风邪犯肺型急性支气管炎患者食用。

九、使用禁忌

阴虚久咳、气逆及咯血者禁用。忌与猪肉同食。桔梗有较强的溶血作用，只宜口服，不能用作注射剂。

苦参

一、概述

苦参，又名野槐、地槐、山槐子，豆科槐属落叶亚灌木，以根入药，味苦，无毒，具有清热燥湿、杀虫、利尿的功效。主治湿热泻痢，便血，黄疸，湿热带下，阴肿阴痒，湿疹湿疮，皮肤瘙痒，疥癣，湿热小便不利。我国各地均有种植。近年来苦参野生资源越挖越少，一些地方资源几近灭绝，而需求量却有增无减。

二、生物学特性

1. 生物学特征

苦参，落叶亚灌木，高 1 m 左右，根圆柱状，外皮黄白色。茎直立，多分枝，具纵沟。奇数羽状复叶，近对生或互生；小叶 15 ~ 29 片，叶片披针形至线状披针形，长 3 ~ 4 cm、宽 1.2 ~ 2 cm，先端渐尖，基部圆，有短柄，全缘，背面密生平贴柔毛。总状花序顶生，长 15 ~ 20 cm，被短毛，苞片线形；萼钟状，稍扁平，长 6 ~ 7 mm，5 浅裂；花冠比花萼长 1 倍，白色或淡黄白色，蝶形；旗瓣匙形，翼瓣无耳，与龙骨瓣等长；子房近无柄，胚珠多数。荚果线形，长 5 ~ 10 cm，种子间稍缢缩，呈不明显串珠状，疏生短柔毛，有种子 3 ~ 7 粒；种子长卵形，稍压扁，深红褐色或紫褐色。花期 6 ~ 8 月，果期 7 ~ 10 月。

苦参一般在 4 月返青发芽生长，入冬落叶后进入休眠阶段。

苦参

2. 生长习性

苦参系深根植物，根系发达，深度可达 60 ~ 80 cm，喜温暖气候，喜光照，耐干旱，耐盐碱，对土壤要求不高，但以土层深厚肥沃、质地疏松、排水良好的沙质壤土为宜。土壤过黏、通气和排水不良时，会导致植株烂根，严重时会致全株枯萎。野生苦参多生长于海拔 1 500 m 的山坡、沙地草坡灌木林中及田野附近。

三、生产栽培管理技术

1. 选地整地

应选择土层深厚，疏松肥沃，排水良好的沙质壤土种植。地下水位浅，地势低，土壤黏重的地块则不宜种植。苦参为多年生深根植物，种前需施足基肥，一般播前每亩施农家肥 3 000 kg 和过磷酸钙 20 kg 作基肥，结合秋耕深翻 30 ~ 40 cm，打破犁底层（利于根系生长发育），耙实整平后起垄待种。也可以做成 1.5 ~ 2 m 的平畦，四周开好排水沟，以利排水。

2. 繁殖方法

苦参用种子繁殖。

种子的采收与处理　于 8 ~ 9 月种子成熟时，选健壮植株采收种子，处理干净晒干保存。播种前将种子与沙以 1∶1 的比例混匀，摩擦揉搓，以划破种皮。苦参种子种皮坚硬皮实、不透水、不透气，若不进行沙磨处理，在适宜条件下也不易发芽。经沙磨处理后，种子发芽率显著提高。将处理好的种子放入 50℃的温水中浸泡 24 小时催芽。

播种 在 3～4 月播种，播种时在起好的垄上按株距 30 cm 开穴，或在做好的畦上按行株距 60 cm×30 cm、深 10 cm 开穴种植，每穴点种 3～5 粒，覆盖细土 3～5 cm，然后浇水保湿。平地播种按行距 35～45 cm 开浅沟，均匀撒入种子，盖土 2.5 cm，浇水，保持土壤湿润。一般情况下，15～20 天便可出苗。亩播种量 2 kg 左右。

3. 田间管理

（1）中耕除草

正常条件下播种后 20 天左右出苗。此期由于杂草生长较快，应及时清除田间杂草。一般苗高 5 cm 时开始进行中耕除草，每间隔半个月 1 次，在封行前中耕除草 3 次，并适当松土。第一次松土要浅，第三次要深，并培土防止倒伏。

（2）间苗、补苗、定苗

结合中耕除草进行间苗、补苗、定苗。第一次中耕时如发现缺苗，应及时选壮苗补栽；第二次中耕时间苗，去弱留强，以不拥挤为宜；第三次中耕时定苗，每穴留 2～3 株。

（3）追肥

5 月上旬，若发现苗黄苗弱，应结合中耕追施氮肥。7 月可结合浇水灌溉追施磷、钾肥，以利于植株生长、根部营养成分积累以及越冬芽的分化。秋后撒施腐熟农家肥 2 000 kg、过磷酸钙 30 kg。

（4）摘花薹

播种后当年植株可长到 60～70 cm，基本不开花。第二年 6 月，苦参将陆续抽薹开花结实。可在第二年植株抽花薹时，除留种外，将花薹（花序）全部剪除（俗称打顶），以抑制植株生殖生长，促进营养物质向根部累积，以获得量高质优的药材。剪除花薹（花序）的时间宜早不宜迟。

（5）浇、排水

苦参最忌积水，在雨季来临前要及时清沟排水。遇干旱天气，特别是苗期，要及时浇水。多余的积水应及时排除，避免苦参受涝。

4. 病虫害防治

苗期需防地老虎和蝼蛄咬断根茎基部，应及时检查，如有发现，可将麸皮炒香拌药，按常规方法顺行撒放小堆诱杀。

四、采收加工

1. 采收

苦参以根入药，种植 2 ~ 3 年后即可采挖。第三年春秋二季均可采挖，一般于秋季茎叶完全枯萎后采挖根部。苦参根是随着地上部的生长而生长的，后期随着气温逐渐下降，地上部生长逐渐缓慢，养分向下部输送转移，根部的生长更加迅速，因此秋后上冻前采挖最好。苦参根较深，挖时尽量不要挖断，应深挖，取全根。

2. 加工

将采收的苦参根洗净泥沙，除去芦头和须根，按根条长短分别晾晒，晒干或烘干后即成药材。也可以鲜根切片，晒干，制成苦参片。

一般亩产 300 ~ 400 kg 干品苦参。置于阴凉干燥处防霉。

五、品质鉴定

苦参根长圆柱形，下部常分枝，长 10 ~ 30 cm，直径 1 ~ 2.5 cm，表面棕黄色至灰棕色，具纵皱纹及横生皮孔。栓皮薄，多数破裂反卷，易剥落，露出黄色内皮。质坚硬，不易折断，折断面粗纤维状。切片厚 3 ~ 6 mm，切面黄白色，形成层明显，具放射状纹理。气刺鼻，味极苦。以身干、条匀、断面黄白、味极苦者为佳。

六、药材应用

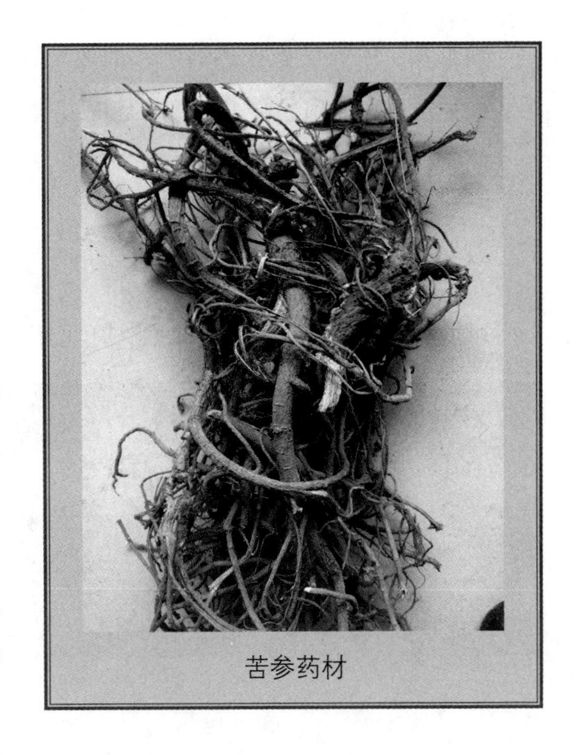
苦参药材

苦参性寒、味苦，归心经、肝经、胃经、大肠经、膀胱经，属清热药下分类的清热燥湿药，有清热燥湿、杀虫、利尿的功效。主治湿热泻痢，便血，黄疸，湿热带下，阴肿阴痒，湿疹湿疮，疥癣等。

现代医学研究发现，苦参根含苦参碱、氧化苦参碱、异苦参碱、槐果碱、异槐果碱、槐胺碱、氧化槐果碱等生物碱，此外还含苦醇C、苦醇克、异苦参酮、苦参醇、新苦参醇等黄酮类化合物，有抗肿瘤、提升白细胞、平喘祛痰、抗过敏、免疫抑制、安定作用。苦参对心脏有明显的抑制作用，可使心率减慢、心肌收缩力减弱、心输出量减少；苦参碱、苦参黄酮均有抗心律失常作用；苦参注射液对抗乌头碱所致的心律失常作用较快而持久，并有降压作用；苦参煎剂对结核杆菌、痢疾杆菌、金黄色葡萄球菌、大肠杆菌均有抑制作用，对多种皮肤真菌也有抑制作用。

七、炮制方法

苦参片 取原药材除去残留芦头及杂质，大小分开，洗净，略浸，润透切厚片，干燥。

苦参炭 取苦参片，置热锅中，用武火炒至表面焦黑色，内部焦黄色，喷淋清水少许，取出，凉透。

麸苦参　取麸皮撒在热锅中，加热至冒烟时投入苦参片，迅速翻动，炒至表面呈黄色，取出，筛去麸皮，放凉。每 100 kg 苦参片，用麸皮 18 kg。

八、使用方法

可煎服，可煎水熏洗、研末敷，还可用于食疗。

【示例】苦参鸡蛋

原料：苦参 6 g，鸡蛋 2 个，红糖 60 g，水 400 mL。

做法：先将苦参加水 400 mL 煎煮，30 分钟后去渣取汁。将鸡蛋、红糖放入汤内同煮，至蛋熟。每日 1 次，4 日为 1 个疗程。

该品有清热解毒、燥湿止痒的功效。

九、使用禁忌

苦参苦寒，败胃损肾，脾胃虚寒者忌用，胃弱者慎用。久服会损肾气，肝、肾虚而无大热者勿服。

何首乌

一、概述

何首乌，又名多花蓼、夜交藤、紫乌藤、赤首乌，蓼科蓼族何首乌属多年生缠绕藤本植物，以根入药，是常见贵细中药材。中药何首乌有生首乌与制首乌之分，直接切片入药为生首乌，用黑豆煮汁拌蒸后晒干入药为制首乌。主产于河南、湖北、广西、广东、贵州、四川、云南、陕西南部、甘肃南部等地。《本草图经》记载：“何首乌，本出顺州南河县，岭外、江南诸州亦有，今处处有之，以西洛、嵩山及南京柘城县者为胜。春生苗，叶叶相对，如山芋而不光泽……结子有棱，似荞麦而细小，才如粟大。秋冬取根，大者如拳，各有五棱瓣，似小甜瓜。”植物的块根、藤茎及叶均可供药用。

二、生物学特性

1. 生物学特征

何首乌，多年生藤本植物，块根肥大，长椭圆形或不规则形，暗褐色至黑褐色。茎缠绕，多分枝，下部木质化，上部较细，具纵棱，中空。叶互生，具长柄，卵状心形，顶端渐尖，基部心形或近心形，全缘，两面粗糙；托叶鞘膜质，偏斜，无毛。花序圆锥状，顶生或腋生，分枝开展，苞片三角状卵形，具小突起，顶端尖，每苞内生白色小花2～4朵；花梗细弱；花被5，深裂，白色或淡绿色，花被片椭圆形，大小不相等，外面3片，背部具翅，果时增大；花被果时外形近圆形，雄蕊8，花丝下部较宽，花柱3，极短，柱头头状。瘦果3棱，卵形，黑褐色，有光泽，包于宿存花被内。花期8～9月，果期9～10月。

何首乌

2. 生态习性

何首乌喜温暖气候和湿润环境，耐阴，忌干燥和积水，适应性较强，各种类型土壤均能生长。常野生于海拔200～3 000 m的山谷灌丛、丘陵坡地、林缘坎上、沟边石隙、路边山坡等向阳或半荫蔽处。气候温暖、阳光充足、土地湿润、疏松肥沃、排水良好的半泥半沙土最适宜种植何首乌，而土黏、沙粗、坚硬的沙岗地不宜种植。

何首乌为多年生植物，其地下块根的多少或大小与地上部分长势的优劣正相关。若春季播种或扦插，当年均能开花结实。但3月中旬播种的何首乌，4～6月地上茎藤迅速生长时，地下根亦逐渐膨大形成块根；而同期扦插的何首乌，当年长出的根中仅有1～5条稍膨大（较粗），要到第二年3～6月才能逐渐膨大形成块根。

三、生产栽培管理技术

1. 选地整地

选土层深厚、疏松肥沃、排水良好、富含腐殖质壤土栽培为宜，黏土不宜种植。于冬前深耕 40 cm 以上，晒地，让土壤充分风化。整地前每亩施入腐熟的厩肥或土杂肥 4 000 kg，整平耙细，将育苗地做成高约 20 cm、宽约 34 cm 的平畦；定植地做成高约 30 cm、宽约 100 cm 的高畦。一般种双行，行距 30 ~ 35 cm、株距 30 cm。

2. 繁殖方法

何首乌的繁殖方法有种子繁殖、扦插繁殖、块根繁殖和压条繁殖。

（1）种子繁殖

生产上常采用直播。直播可较育苗移栽产量高出 2 倍以上。3 月上旬至 4 月上旬播种，条播行距 30 ~ 35 cm，施农家肥后将种子均匀播于沟中，盖土 3 cm。

（2）扦插繁殖

3 月上旬至 4 月上旬，选生长旺盛、健壮无病植株的茎藤剪成段。每段长约 25 cm，至少有 2 个节。按株行距 30 cm × 35 cm、深 20 cm 开穴。每穴放入 2 ~ 3 段茎藤，大头朝下，节芽朝上，不能倒插。茎藤段有 1/3（要有 1 个节芽）露出地面，覆土压紧，施肥水，保持田间湿润。

（3）块根繁殖

选健壮、无病虫害的小块根截成每段带有 2 ~ 3 个健壮芽头的种块，于 2 月下旬至 3 月上旬，按株行距 15 cm × 25 cm、深 6 ~ 10 cm 开穴，每穴栽 1 个种块，覆土盖实，及时浇水。

（4）压条繁殖

在春季和夏季，选用近地面的粗壮枝条进行波状压条，着地部分埋土 3 cm 左右，生根后剪断定植。

3. 田间管理

（1）中耕除草

种子繁殖的幼苗生长慢，苗高 30 cm 以后生长加快。生长期应注意除草，尤其是出苗后，早春应勤除杂草。

（2）间苗、定苗

种子繁殖苗高 10 cm 时，间除过密苗和弱苗；苗高 15 cm 时，按株行距 25 cm × 30 cm 定苗。

（3）浇、排水

何首乌喜温暖湿润环境，忌干燥和积水，定植初期旱浇涝排，保持土壤湿润。成活后可减少浇水次数，雨后要注意排水防积。

（4）肥水管理

相比于其他作物，何首乌更加喜肥，除种植时施足基肥外，苗期应少量多次勤施农家肥。初次追肥的浓度不宜高，应稀释成清淡肥水开浅沟施于行间，之后可逐次提高施肥浓度。第二年 5 月追施 1 次农家肥，施后浇 1 次清水。每年 9 ~ 10 月施杂肥或厩肥，每亩施 1 000 ~ 1 500 kg，并在根际培土。开花后追施 2% 的盐水和石灰，有助于提高产量。整个种植期，前期以氮肥为主，后期适当增施磷、钾肥，促进块根生长。

（5）搭架

苗高 30 cm 左右，应插竹竿或树枝搭“人”字形支架，架高 150 cm，并将藤蔓引到支架上。人工引藤上架时，要注意统一右旋转引藤，不要左旋转。引藤上架前，应及时剪去多余侧苗，其他刚发出的幼嫩脚芽用泥盖住，保持新壮苗 1 ~ 2 条上架，结合搭架整枝疏叶，清除枯藤，以提高通风、透光度，增加植株光合作用面积，促进植株旺盛生长。

4. 病虫害防治

叶斑病　多在夏季发生，危害叶片。患病初期，叶片呈黄褐色病斑，严重时枯萎脱落。高温多雨季节、田间通风不畅时易发。应保持田间通风、透光，及时剪除病叶；发病初期用 1∶1∶120 的波尔多液，间隔 7 ~ 10 天喷 1 次，连续喷 2 ~ 3 次可控制病害发展。

根腐病 由细菌或者真菌中的镰刀菌感染引起。发病病株根部腐烂，地上茎蔓枯萎死亡。多发于夏季,排水不良地块发病严重。发病初期可拔除病株，用石灰粉撒在病穴上盖土踩实消杀病菌，同时用50%甲基硫菌灵可湿性粉剂800~1 000倍液或75%百菌清1 500倍液喷洒茎基，或者用50%多菌灵可湿性粉剂1 000倍液灌浇根部，防止蔓延。应特别注意排水防积。

蚜虫 蚜虫吸食茎叶汁液，造成植株生长不良，影响产量质量，同时传染病毒病。发生期用10%高效氯氰菊酯乳油2 000~3 000倍液喷洒,每7~10天1次，连续2~3次；冬季清园，将枯藤落叶集中烧毁，减少虫源。

地老虎、蛴螬 以幼(若)虫危害根茎部,造成地上部生长不良或枯萎死亡。苗期茎部被咬断易造成死棵。可施腐熟有机肥，减少虫源；发生时可用75%辛硫磷与炒香的麦麸、谷糠等配制成毒饵，在傍晚顺垄堆施或撒于畦面诱杀；黑光灯或者性诱剂诱杀蛴螬成虫。

四、采收加工

种植3~4年即可收获。割断茎藤，拔除支架，除去藤蔓，挖出块根，去除泥土，洗净。大的何首乌切成2 cm左右的厚片，小的不切，晒干或烘干即可。

每亩地可产鲜首乌800 kg左右，干品200~250 kg，折干率25%左右。

采收时需特别注意：

茎叶 应于春季萌芽后、植株20~30 cm高时，一次或分次采收嫩茎叶。

茎藤（夜交藤） 栽后第二年秋季落叶时割下茎藤，除去细枝和残叶，切成长约70 cm的茎段，捆扎成把，晒干入药。

块根 种植3~4年后秋冬和早春采收，鲜食或切片晒干入药。

何首乌的藤茎又名夜交藤(首乌藤),具有养心安神、祛风通络的功能。常于栽后第二年起秋季割下茎藤，除去细枝和残叶，晒干，扎成小把，供药用。

五、品质鉴定

何首乌干燥块根呈不规则纺锤形或团块状，长 5 ~ 15 cm，膨大部直径 3 ~ 12 cm。外表红棕色或红褐色，有不整齐的纵沟，凹凸不平，多皱缩，并有横长皮孔及细根痕。质重、坚实，不易折断，断面淡红棕色或淡黄棕色，显粉性。中心木部膨大呈现一个较大的木心，周围伴有 4 ~ 11 个类圆形的异形维管束环列，形成云锦状花纹。经蒸后的何首乌片横断面黄棕色至深褐色，呈鲜胶状光泽，“云锦”花纹明显。气微，味微苦而甘涩。以质重、坚实、显粉性者为佳。

夜交藤干品形状呈长条圆柱形，扭曲，或带有叶；叶多皱缩，心形或卵状心形。茎表面粗糙，红棕或棕褐色，有明显的纵皱纹和节。质坚硬而脆，易折断，断面棕红色，木部淡黄色，木质部呈放射状细孔，中央为白色疏松的髓部。味微苦涩。

六、药材应用

何首乌味苦、甘、涩，性温，归肝经、心经、肾经，具有养血滋阴、截疟（解毒消痈）祛风、润肠通便等功效。主治血虚头昏目眩、心悸失眠、肝肾阴虚之腰膝酸软、耳鸣、遗精、肠燥便秘、久疟体虚、风疹瘙痒、疮痈瘰疬、痔疮，属补虚药下的补血药。

现代医学研究发现，何首乌不仅含蒽醌类化合物，还含淀粉、粗脂肪、卵磷脂等，有降血脂、抗衰老、抗氧化、增强免疫力、促进黑色素形成、抗炎、抗肿瘤、促进骨细胞增殖等功能；能促进血细胞新生和发育、调节血脂、抗动脉粥样硬化、延缓衰老、增加冠脉血流量；抗菌。

中药何首乌有生首乌与制首乌之分，二者的功用有所不同：生首乌解毒、消痈、截疟、润肠通便、治疮痈、瘰疬、风疹痛痒、久疟体虚、肠燥便秘；制首乌补肝肾、益精血、乌须发、壮筋骨、化浊降脂。

七、炮制方法

生首乌　拣去杂质，洗净，用水泡至八成透，捞出，润透，切厚片或方块，烘干或晒干。

制首乌　取何首乌块倒入盆内，用黑豆汁与黄酒拌匀，置罐内或适宜容器内，密闭，坐水锅中，隔水炖至汁液吸尽，取出，晒干。每 100 kg 何首乌块，用黑豆 10 kg。

蒸何首乌　将干何首乌除去杂质，分档，浸透，洗净，捞起，大只劈开，中途淋水，润透，置蒸笼内蒸足 8 小时，闷过夜，第二天早晨上下翻动 1 次，再蒸。如此反复蒸至内外滋润都呈黑色，取出，晒至半干，切厚片，将蒸时所得原汁拌入，使之吸尽，干燥，筛去灰屑。

八、使用方法

煎汤、熬膏或入丸、散，可煎水洗、研末撒患处或调制后涂于患处，还可用于食疗。

九、使用禁忌

大便溏泄及有湿痰者不宜用。有何首乌、制首乌过敏史者禁止服用。患肝脏疾病者谨慎服用。孕期、哺乳期慎用。避免同时服用四环素、青霉素、制霉菌素、保泰松等药物。避免同时食用猪肉、血、萝卜、葱、蒜等。煎煮何首乌时，不可用铁制容器。

白芷

一、概述

白芷，又名走马芹、狼山芹、异形当归、独活、香大活，伞形科当归属多年生高大草本植物，以根入药，亦可作香料。主产于河南、河北、四川、云南、山西、安徽、内蒙古、黑龙江、吉林及辽宁。因产地不同，又分为川白芷、杭白芷、滇白芷、禹白芷、祁白芷等，其中产于河南长葛、禹县的称禹白芷，产于河北安国的称祁白芷。

二、生物学特性

1. 生物学特征

白芷，多年生草本植物，高大粗壮，高 1～2.5 m，主根圆锥形，有分枝，外皮黄褐色。茎直立，中空，圆柱形，常带紫色，有纵沟纹。根生叶大，有长柄，2～3 回羽状分裂，边缘有锯齿；茎生叶小，基部呈鞘状抱茎。复伞形花序，顶生或腋生，鞘状；小总苞片 5～10 或更多，长约 1 cm，比花梗长或等长；花白色。双悬果椭圆形，分果具 5 棱，侧棱翅状，无毛。花期 7～8 月，果期 8～9 月。

2. 生态习性

白芷喜温暖湿润气候，喜光，怕旱，怕高温，耐寒。白芷对水分的需求以湿润为宜。整个生长期怕干旱，播种后缺水将影响出苗。幼苗期干旱易造成缺苗；生长期需水较多，但过于湿润或田间积水，易发生烂根；生长后期缺水易导致主根木质化，或根部出现过多分枝。白芷幼苗能耐 −7℃ 低温，难耐 −15℃ 以下的低温，适宜生长温度 15 ~ 28℃，温度在 24 ~ 28℃ 时茎叶生长最快，30℃ 以上则生长不良。白芷种子在恒温下发芽率低，在变温下发芽较好，以 10 ~ 30℃ 变温为佳。

白芷第一年秋季播种。播种后，在温湿度适宜的条件下，10 ~ 15 天出苗。幼苗初期生长缓慢，第二年 4 ~ 5 月植株生长最旺，4 月下旬至 6 月根部生长最快，7 月以后根已长成，植株渐变黄枯死，此时可收根。留种植株 8 月下旬天气转凉时又重生新叶，第三年 4 月开始抽薹，7 月以后种子陆续成熟。生产上，第二年提前抽薹开花的植株达 20%，严重影响白芷产量和品质。栽培时应防止提前抽薹。

三、生产栽培管理技术

1. 选地整地

白芷是深根喜肥植物，宜选择土层深厚、疏松肥沃、地势高、土壤通透性强、排水良好且向阳的沙质壤土地块种植，过黏或地势低、易积水的地方不宜种植。在黏土、沙壤土、浅薄地种植则主根小而分叉多。

白芷不宜重茬，对前茬作物要求不高，但不能与胡萝卜、沙参轮作。前茬作物收获后，及时深翻晒地。整地时，每亩施腐熟厩肥或堆肥 1 500 ~ 2 000 kg 或者硫酸钾复合肥 50 kg 作基肥，深翻 30 cm 以上。晒白后再翻耕 1 次，然后耙细整平，使土粒充分细碎，做成宽 1 ~ 1.2 m、高 20 cm 的宽畦，畦沟宽 26 ~ 33 cm（排水差的地方应做高畦），以利排水。播前浇 1 次透水造墒。

2. 繁殖方法

一般用种子繁殖。

（1）选种、用种

白芷应当选用当年所收的种子播种。当年所收种子发芽率为70%～80%，隔年陈种发芽率低，甚至不发芽，不可采用。

经试验，采用主茎上所结的种子播种，容易提前抽薹，影响产品质量；而采用侧基上所结的种子播种，在温度13～20℃和足够的湿度下，播种后10～15天出苗。

（2）播种时间

春播在4月初，但春播的白芷产量低、质量差，一般不建议春播。秋播在8～9月，秋播的白芷主根大、产量高、质量好，故生产上常采用秋播。

秋播不能过早或过晚，最早不能早于处暑节气，不然种子会在当年冬季生长迅速，多数植株将在第二年抽薹开花，其根不能作药用；最晚不能晚过秋分节气，因秋分后雨量渐少，气温转低，白芷播后长久不能发芽，影响生长与产量。

（3）播种方法

白芷宜直播，不宜育苗移栽。移栽的植株根部易分叉，主根生长不良，影响产量和质量。直播主要分为条播和穴播。条播可增加生长优势，穴播可节省覆盖用种量。

播前用2%磷酸二氢钾水溶液喷洒在种子上，搅拌，闷润8小时左右再播种，能提早出苗并大大提高出苗率。

条播按行距33 cm开横沟（沟底要平），沟深2～3 cm，将种子均匀撒入，覆土后稍压实。每亩用种量1.5～2 kg。

穴播按行距33 cm、穴距20 cm开穴，穴深3 cm左右（也有的地方穴深6～10 cm）。每穴播8～10粒，亩用种子约1 kg，然后覆土压实。

无论条播还是穴播，播后应立即浇水。有条件的最好浇稀粪水，浇后覆盖草或麦秸等保持土壤湿润，覆盖标准以不露种子为宜。播后应经常察看墒情，若墒情不好，应及时浇水，保持土壤湿润，以利于种子发芽。一般播后15～20天出苗（约浇水4次）。之后经常保持土壤湿润，以利幼苗生长。

3. 田间管理

（1）间苗、定苗

春季幼苗高 6 cm 时进行间苗，适当剔除弱苗，使幼苗分布均匀、通风透光。条播的每隔 8 ~ 10 cm 留壮苗 1 株，穴播的每穴留苗 6 株。第二年 2 月中下旬定苗，穴播的每穴留中等苗 3 株；条播的应在白芷生长至 9 ~ 12 cm 时，结合除草，逐步去掉弱小苗。当苗高 13 ~ 16 cm 时，按株距 16 ~ 24 cm 定苗。间苗、定苗要求留中间苗，清除大的徒长苗和小的瘦弱苗，以防早抽薹或生长过差。茎呈现青白色的幼苗应选择去掉，以防将来提前抽薹。

（2）中耕除草

每次间苗时都应结合中耕除草。幼苗期除草应手拔或浅锄松表土，浅锄不宜过深，否则会伤及主根。主根不向下伸，极易产生分叉根，影响质量。定苗时松土应加深，要彻底除尽杂草；植株封垄前结合浇水还需锄地松土 1 次。待植株封行后，停止中耕。

（3）追肥

白芷在生长前期以基肥为主，追肥为辅。追肥以腐熟人粪尿、饼肥等为主。生长后期应增施磷、钾肥。应做到看苗施肥，好苗少施，差苗多施。播后当年追肥宜少宜淡、先淡后浓，以免植株徒长，提前抽薹开花。播后第二年植株封垄前追施 3 kg 尿素和 15 kg 硫酸钾肥，有条件的追施 2 ~ 3 次稀粪水。在 7 ~ 8 月，用 0.2% 的磷酸二氢钾进行根外追肥会使植物生长旺盛，提高产量；或者撒施草木灰，以利白芷根茎生长粗壮。最后一次封行前追肥后，应及时培土，以防植株倒伏。

（4）浇、排水

秋季播种后，在小雪节气前应浇饱水，防止白芷在冬天干死。若第二年春季干旱，要及时浇水，以保证出苗生长。浇透水应把控在清明节气前后，不能过早，否则地温低，水寒苗不长。定苗后应少浇多中耕，促其根部向下生长。生长中期若遇干旱，应及时浇水，以利于根系下伸。整个生长期都应保持土壤湿润，若土壤板结，易生侧根影响产量。伏天尤其要保持水分充足，否则主根木质化，会降低品质。若雨水过多，应及时排水，以免引起根部腐烂或发生病变。

（5）摘花薹

白芷抽薹后，根部变空心腐烂，不能作药用。因此，6～7月白芷开始抽薹开花时，要及时掐除全部花薹，以减少养分消耗，使营养集中根部，提高产量。花后根不能入药。对少数生长特别旺盛、5月即抽薹开花的植株要尽早拔除，其所结种子也不能作种用。

4. 病虫害防治

根腐病 连阴雨时，若排水不良易发根腐病。防治方法主要是及时排水。发病初期用“绿亨六号”稀溶液灌根；严重时拔除病株，石灰撒穴，以防真菌传染。

此外，白芷收获后，若未及时晒干，极易引起根腐。轻时腐烂率在16%左右，严重时腐烂率在30%以上，甚至会全部腐烂。因此，在收挖、运输和加工过程中应轻拿轻放，尽量不破坏根部周皮；采收后不能堆放，应立即晾晒，晴天晒干、阴天烘干。

斑枯病 危害叶片。5月始发，病斑灰白色，上生黑色小点，严重时叶片枯死。可在发病初期除去病叶，并喷施杀菌王1～2次；清除病残枝叶，集中烧毁。

黄凤蝶、红蜘蛛、蚜虫 按常规方法，用10%高效氯氰菊酯乳油2 000～3 000倍液喷洒，每7～10天1次，连续喷洒2～3次。

5. 选种留种

（1）选种

白芷在第二年5月常有少量植株生长特旺，过早抽薹开花。这种植株所结种子不能当种用，因为这样的种子播后也将提前抽薹开花。抽薹后根部会变瘦小而木质化，后逐渐枯死，不能再作药用，故应及早拔除。

（2）留种

异地留种法 在采挖白芷时，选择主根粗壮、无分叉、无病虫害的植株作种，按行距80～100 cm、株距30 cm开穴，集中栽于肥沃地上。栽时根可倾斜，不能弯曲；栽后覆粪肥土3 cm左右，施用少量人粪尿，再覆土6 cm，加强田间管理，不久即可另生新苗。在当年11月及第二年2～4月，应结合中耕除草各施肥1次。每次施肥应较大田稍多，以促进植株健壮生殖生长。6月下旬种子即可陆续成熟，此时要随熟随采，以免种子被风吹落。采后放于通风干燥处，在微弱的太阳下晒干，勿烟熏，到下种前再脱粒播种。

原地留种法 在第二年秋季采收白芷，同时，在地里留出一些不挖出，并加强中耕除草管理，到第三年5月以后即可结出种子。在高寒地带，为保障越冬，应把留种用根挖出来放在地窖里，用沙埋起来，待第二年早春再栽到地里，及时中耕除草，追加施肥，加强水肥管理。此法结出的种子发芽率差，植株短小，根部发育不良，不宜采用。

四、采收加工

1. 采收

春播于当年采收，秋播于第二年处暑节气前后茎叶开始枯黄时采收。收迟则根部重新发芽，消耗养分，影响质量和产量。采收要选择连续晴天进行，先将地上茎割掉，然后用圆形四齿耙深挖，挖出全根，抖净泥土，去掉茎叶根须。

2. 加工

将白芷小心运至晒场，于日光下摊开暴晒，晒时切忌堆积或淋雨，否则极易腐烂或者黑心变质，注意必须连续晒干，不能间歇。如遇雨天可用木炭火烘干。切忌夜露雨淋，否则极易霉烂。为快速全干，应白天日晒，傍晚用硫黄熏，每1 000 kg鲜白芷需硫黄8 kg。蒸熏时要留一小洞，允许跑少量的烟，以防灭火。一般熏2～3次即可。注意一定要熏透，把白芷内部的水熏蒸出来，以便于白天晾晒，否则外干内湿，容易“穿心”（内部变质或内部不白），影响销售。若收获量大时，应按大小级，分开暴晒。

五、品质鉴定

干品白芷呈长圆锥形，长7～24 cm、直径1.5～2 cm，表面灰白色或黄白色，较光滑，有多数皮孔样横向突起散生，并有支根痕，顶端有凹陷的茎痕。质坚硬而重，断面类白色，粉性，形成层环棕色，近圆形，皮部散有多数棕色油点。气芳香，味辛、微苦。以粗壮且重、表面光滑、没有多余分枝、香气浓郁者为佳。

六、药材应用

白芷性温、味辛，归胃经、大肠经、肺经，具散风除湿、通窍止痛、消肿排脓的功效。主要用于治疗感冒头痛，眉棱骨痛，鼻塞，鼻渊，牙痛，白带，疮疡肿痛，肠风痔漏，皮肤瘙痒等症。有较好的止痛作用，尤其对头痛等有良好的效果，并有解毒、消炎作用，属解表药下属分类的辛温解表药。

现代医学研究发现，白芷具有解热、解痉、镇痛、平喘、降压、扩张冠状血管、抗炎、抗光敏、抗微生物、抑制脂肪细胞合成等作用；其水煎剂对多种细菌，如大肠杆菌、宋氏痢疾杆菌、变形杆菌、伤寒杆菌、副伤寒杆菌、绿脓杆菌、霍乱杆菌等有抑制作用；其甲醇提取物有抗辐射作用。白芷亦可用于治疗寻常痤疮、黄褐斑、过敏性鼻炎等。

白芷与当归同属，两者植株十分相似，都是以根入药。但从功效来说，当归能补血养血，是很好的补品；而白芷则是一味以祛邪为主的药物。

七、炮制方法

白芷片　取原药材，除去杂质，按大小个分开，洗净，用水浸泡至七成透，捞出，闷润至透，晾晒至外皮无滑腻感时，切 2 mm 厚片，晾干。

炮制后贮干燥容器内，置阴凉干燥处，防霉，防蛀。

八、使用方法

煎服，或入丸、散，可研末撒患处或调制后涂于患处，还可用于食疗。

【示例】白芷当归鲤鱼汤

原料：白芷 15g、北芪 12g、当归、枸杞各 8g、红枣 4 个、鲤鱼 1 条、生姜 3 片，水 2 000 mL，盐适量。

做法：将白芷、北芪、当归、枸杞洗净，稍浸泡。红枣去核。鲤鱼宰洗净，去肠杂等备用。将鲤鱼置于油锅中慢火煎至微黄，然后将之与生姜一起放进瓦煲里，加清水 2000 mL（约 8 碗量）。武火煲沸后，改用文火煲约 1.5 小时，最后调入适量盐即可。

该品有通经活血、滋补肝肾、散风除湿、通窍止痛、消肿排脓的功效。

九、使用禁忌

阴虚血热者忌服，对白芷过敏者禁服。孕期及哺乳期女性慎服。

黄芩

一、概述

黄芩，唇形科黄芩属多年生草本植物，以根入药。黄芩的主要成分为黄芩苷，具有清热燥湿、泻火解毒、止血、安胎、消炎抗菌等功效，属清热药下属分类的清热燥湿药。常用于治疗壮热烦渴、湿热泻痢、湿热痞满、胸闷呕恶、泻痢、黄疸、肺热咳嗽、目赤肿痛、血热吐衄、痈肿疮毒、胎动不安等症。黄芩药用价值高，为常用中药材，广泛分布于长江以北大部分地区、西北和西南地区。北方大多数省份有栽培，主产于河北北部及内蒙古中南部。

二、生物学特性

1. 生物学特征

黄芩，多年生草本植物，根圆锥形，肉质，肥厚粗壮，长而分枝。茎四棱形，高 30 ~ 120 cm，绿色或带紫色，自基部多分枝，基部稍木质化。叶交互对生，叶片卵状披针形或线状披针形，先端钝，基部圆形，全缘，上面深绿色，下面淡绿色，被凹腺点，叶柄短。总状花序顶生，具叶状苞片；花偏向一方直立，花冠二唇形，蓝紫色或紫红色，上唇比下唇长，筒状，自基部向上囊状膨大，基部骤曲，花萼钟形，紫绿色；雄蕊4，稍露出，前对较长，具半药，退化半药不明显，后对较短，具全药，花丝扁平；雌蕊1，花柱细长，先端锐尖，微裂。子房4深裂，生于环状花盘上，褐色，无毛。小坚果4，卵球形，黑褐色，具瘤，腹面近基部具果脐。花期7～8月，果期8～9月。

黄芩

2. 生态习性

黄芩喜温暖凉爽的气候，耐严寒不耐酷暑，耐旱怕涝，耐瘠薄，忌连作。成年植株地下部分在 -35℃环境下能安全越冬，35℃高温不会枯死，但不能经受40℃以上连续高温天气。野生黄芩常见于海拔60～1 300 m（或1 700～2 000 m，南北不同）的山顶、向阳山坡、林缘、路旁等较干燥的地方。雨水过多时，植株会生长不良，积水易烂根，排水不良的地块不宜种植，土壤以沙质壤土为宜，酸碱度以中性和微碱性为好。

黄芩在温度条件达15℃以上时播种，播种后15天左右出苗。5～6月为茎叶生长期，此期主茎逐渐长高，叶数逐渐增加，随后形成分枝。一年生黄芩一般于苗后2个月开始现蕾，二年生及多年生黄芩多于返青出苗后70～80天开始现蕾，现蕾后10天左右开始开花，40天左右果实开始成熟。如环境条件适宜，黄芩开花结实可持续到霜枯期。11月地上茎叶枯萎，地下部分越冬。

三、生产栽培管理技术

1. 选地整地

黄芩对土壤要求不高，一般土壤即可种植，但以阳光充足、土层深厚、排水良好、疏松肥沃的沙质壤土栽培为宜。秋季整地前，每亩施腐熟厩肥 2 000 ~ 3 000 kg 作基肥，深翻 20 ~ 25 cm，耙细整平，使土壤细密，起 60 cm 宽垄，或做宽 1 ~ 1.2 m、高 10 ~ 15 cm、长 10 ~ 20 m 的高畦待播种。

2. 繁殖方法

一般用种子繁殖、扦插繁殖和分根繁殖。

（1）种子繁殖

直播法　黄芩种子以直播为主。直播一般在地下 5 cm、地温稳定在 12 ~ 15℃时播种。豫西地区常于4月下旬至5月上旬在起好的垄或做好的畦上，按行距 15 ~ 20 cm 开浅沟条播，覆土 1 ~ 2 cm。播前可用 0.3% 的高锰酸钾浸种 12 小时，晾干后播种可提高发芽率。亩播量 0.5 ~ 1 kg。播后注意浇水，保持畦面湿润，或加盖草苫保湿。

育苗移栽法　育苗移栽可节省种子，保证全苗，但费工费时。移栽的黄芩主根不发达，根分叉较多，商品品质差，一般在旱地缺水、直播难以出苗保苗时采用。育苗移栽一般做宽 1.8 m、高 40 cm 的高床，周围挖深沟，以保证排水畅通。育苗需在 4 月下旬播种，播前将种子用温水浸 12 小时，捞出晾干后播种，或用高锰酸钾处理后播种。将苗床浇透水蓄墒，播时将种子均匀撒于畦面，将粪土混匀后过筛，均匀施一薄层，厚约 1 cm。在畦面盖草苫或加塑料薄膜保湿提温，一般 7 ~ 15 天便可出苗。当年秋季即可移栽，移栽时在起好的垄上开双沟，按小行间距 10 cm、株距 10 ~ 15 cm 栽苗，覆土 2 cm。栽后浇透水，确保成活。

（2）扦插繁殖

黄芩的最适宜扦插期为 5 ~ 6 月。此时温度适宜，母株正处于旺盛的生长期，剪取茎枝上端半木质化的幼嫩部分（茎的中下部作插条成活率很低），剪成

6 ~ 10 cm 的插条，去掉最下面 2 节叶片，保留上面叶片。插床选用沙或较疏松的沙壤土，随剪随插，按行株距 10 cm × 5 cm 插于床内。插前浇透水增墒，插后及时搭棚遮阴，干燥时喷水保湿，但湿度不宜太大，在高温高湿环境下插条易变黑腐烂。管理得当，插条成活率可达 90% 以上，插后 40 天即可移栽。

（3）分根繁殖

采收黄芩时注意选高产健壮植株，把根剪下供药用，保留根茎部分做繁殖材料。若冬季采收，需把根茎埋于室内阴凉处保温保湿，第二年春再分根栽种；若春季采收，则需随挖随栽，把根茎按自然形状用刀切开，分为若干块，每块保留几个芽眼，用生根粉溶液浸泡处理，捞出稍晾，然后按行株距 30 cm × 20 cm 植于大田，栽后正常管理。向阳山坡地采用此法栽种，植株成活率较高。此法优点是可提早收获，利于早产丰产。

3. 田间管理

（1）中耕除草

苗期应及时中耕除草，结合中耕适当培土，每 10 天 1 次，连续 3 次，保持土壤疏松、无杂草。

（2）间苗、定苗

种子直播时，要在苗高 5 cm 时间苗，间去过密和瘦弱的小苗，间苗株距 5 ~ 7 cm；要在苗高 10 cm 时定苗，定苗株距 10 ~ 15 cm。垄种的黄芩间苗、定苗时可结合中耕除草进行。

（3）浇、排水

黄芩耐旱怕涝，苗期根少根浅，要保持土壤湿润，以满足苗期生长的需要。成株后遇严重干旱时或追肥后，可适当浇水。雨季要特别注意排水防积，遇连续阴雨天应及时开沟排水，否则易烂根。

（4）追肥

苗高 15 cm 时，追施稀薄人畜粪水 1 次。6 月底至 7 月初，每亩追施过磷酸钙 20 kg、磷酸铵 10 kg 或者尿素 5 kg，行间开沟施入，覆土后浇水。欲第二年收获的话，需待当年植株枯萎后，于行间开沟，每亩追施腐熟厩肥 2 000 kg、过磷酸钙 20 kg、尿素 5 kg、草木灰 150 kg，然后覆土盖平。

（5）摘蕾

应在植株每年抽出花序前，将花梗剪掉，以减少养分消耗，促使根系生长，提高产量和药材质量。剪除花梗应在 7～8 月分期分批进行，除留种株保留花蕾外，应随见随剪，随时抹除花芽。

4. 病虫害防治

叶枯病　主要危害叶片。不规则黑褐色病斑从叶尖或叶缘向内延伸，可致叶片干枯或者整株枯死。高温多雨季节发病重。发病初期用 50% 多菌灵 1 000 倍液喷洒；冬季清洁田园，清除病残株，集中焚烧处理，消灭越冬病原菌；高温雨季到来前（发病前）用 1∶1∶120 的波尔多液喷雾，每 7～10 天喷 1 次，连续喷 2～3 次。

根腐病　为细菌性病害，根部最先呈黑褐色病斑以致腐烂，最后导致全株枯死。雨水过多或积水易引起根腐，栽植 2 年以上地块易发，高温高湿多雨季节多发、重发。可采取起垄种植或高畦种植，雨季注意及时排水，中耕翻地晒土；发现病株立即拔出烧毁，同时用 1% 硫酸亚铁溶液进行病穴土壤消毒处理，或者撒施生石灰于病穴及周围土壤进行消毒；田间发病期暂时控制浇水，以免病菌随水流扩散；轮作。

舞毒蛾　幼虫在叶背上做薄丝巢，虫体在丝巢内取食叶肉，仅留上表皮，冬季以蛹在残叶上越冬。防治方法是清园，及时处理枯枝落叶等残株。发生期用 90% 敌百虫液喷洒防治。

四、采收加工

1. 采收

根部　通常种植 2～3 年后采收，以三年生药材质量最好，产量最高。黄芩为直根系作物，主根在前 3 年正常生长，其长度、粗度、鲜重和干重均逐年增加，主根中黄芩苷含量较高。第四年以后，生长速度开始变慢，部分主根开始出现枯心，以后逐年加重，八年生黄芩几乎所有主根及较粗的侧根全部枯心，而且黄芩苷的含量也大幅度降低。

采收通常在秋后地上部枯萎时刨收，因根系深、根条易断，需要深挖。选择晴朗天气将根挖出，切忌断根。

种子　黄芩种子成熟期不一致，且极易脱落，需随熟随采，最后连果枝剪下。

2. 加工

根部　去掉残茎，抖落泥土，晒至半干，撞去外皮，再次晒干或烘干。也可切成饮片晒干或烘干。晒时要避免强光暴晒，以免黄芩发红；还要防止淋雨过水，导致黄芩见水变绿，最后发黑，影响质量。

一般亩产干品 150 ~ 300 kg。折干率二年生的在 35% 左右，三年生的在 40% 左右。

种子　晒干打种，收贮备用。

五、品质鉴定

黄芩成品药材圆锥形或不规则条形，常有分枝，扭曲，长 5 ~ 20 cm、直径 1 ~ 1.6 cm，表面黄褐色或棕黄色，常有粗糙的栓皮，下部有支根痕。质硬而脆，易折断，断面纤维状，鲜黄色或微带绿色，中心红棕色。气微，味苦。以身干、条长、粗大、粗细均匀，质坚实、色黄、无虫蛀孔洞、除净外皮、无空心者为佳。

六、药材应用

黄芩味苦、性寒，归肺经、胆经、脾经、大肠经、小肠经，属清热药下属分类的清热燥湿药，有清热燥湿、泻火解毒、止血、安胎的作用。主治温热病，常用于治疗发热、感冒、目赤肿痛、烧烫伤、高血压等症。叶和嫩茎可代茶饮，预防中暑。

现代医学研究发现，黄芩主要成分有黄芩苷、汉黄芩苷、汉黄芩素等，对杆菌、球菌、流感病毒、皮肤真菌有抑制作用，临床常用于治疗病毒性眼病及上呼吸道感染，有较好疗效。其水煎剂具有抗炎、免疫促进和镇静解热作用；提取物有抑制 HIV-1 生长的作用。黄芩还具有抗微生物、抗变态反应、降血压、利尿、降血脂、抗血小板聚集和抗凝、保肝、保护肾损伤的作用，可延缓白内障发生。

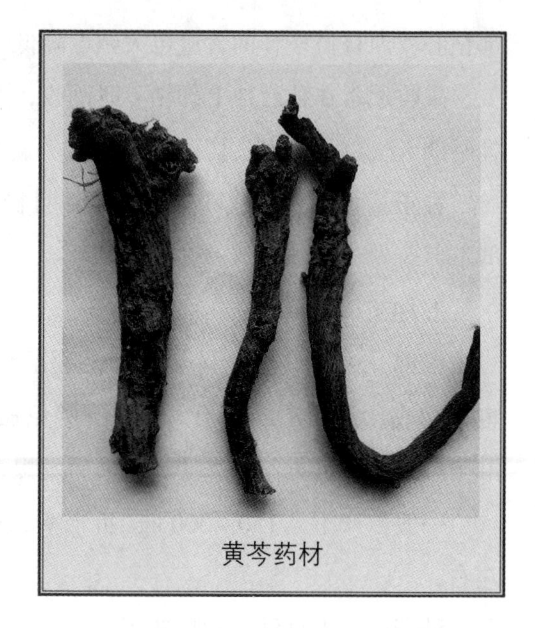
黄芩药材

七、炮制方法

黄芩片　除去杂质，洗净，置于沸水中煮 10 分钟，取出闷透，切薄片（或者蒸 30 分钟，取出切薄片），晒干或者烘干（忌暴晒）。

酒黄芩　取黄芩片喷淋黄酒，拌匀，用文火微炒，取出，晾干。每 100 kg 黄芩，用黄酒 10～15 kg。

八、使用方法

清热多生用，安胎多炒用，清上焦热可酒炙用，止血可炒炭用。也可用于食疗。

【示例 1】黄芩猪肺汤

原料：酒黄芩 15 g，苏子 6 g，生姜 10 g，猪肺 500 g，食盐、大蒜、葱段、酱油、味精适量。

做法：将猪肺洗净，放入沸水中氽去血水。切成块备用。酒黄芩、苏子、生姜用布包好，一同放入砂锅中炖煮，至熟烂后，加入调味料即成。

该品有清热宣肺、化痰止咳、平喘的功效。

【示例2】黄芩清肺饮

原料：黄芩9g，当归6g，红花6g，川芎9g，赤芍9g，生地9g，葛根9g，花粉9g，薄荷1g。

做法：将所有药材放入煮锅中，加入适量清水，至没过所有药材，开大火煮沸然后转小火续煮30分钟左右即可。

该品有清肺热、行郁滞的功效，可治疗由内热引起的痤疮。

九、使用禁忌

黄芩性寒，脾胃虚寒、食少便溏者禁服。维生素C可将黄芩所含苷类分解成为苷元和糖，从而影响疗效，故不宜同用。不宜与洋地黄类同用，容易发生强心苷中毒。

地黄

一、概述

地黄，又名怀地黄，玄参科地黄属多年生草本植物，因其地下块根为黄白色而得名，以块根入药，为传统中药之一。生地黄有清热凉血、止血的效用，熟地黄有滋阴补血的效用。我国大部分地区有栽培，主产于河南的温县、博爱、武陟、孟州市等地。随着人们生活水平的提高，地黄已经成为餐桌上的“常客”。此外，地黄初夏开花，花大数朵，淡红紫色，观赏性强。

二、生物学特性

1. 生物学特征

地黄，多年生草本植物，高 10 ~ 30 cm，密被灰白色柔毛和腺毛。根状茎肉质肥厚，鲜时黄色，茎紫红色，直径可达 5.5 cm。叶通常在茎基部集成莲座状，向上则缩小成苞片，或逐渐缩小而在茎上互生；叶片倒卵形至长椭圆形，叶脉在上面凹陷，下面隆起。花在茎顶部略排列成总状花序，或几乎全部单生叶腋而分散在茎上；花萼钟状，密被白色柔毛，萼齿 5 枚，花冠筒状而弯曲，外紫红色，内黄紫色。药室矩圆形，蒴果卵圆形。种子细小。花期 4 ~ 7 月。

2. 生态习性

地黄常野生于海拔50～1 100 m的山坡及路旁荒地等处，喜温和气候，喜光耐旱，怕积水，较耐寒，对土壤要求不高，忌连作。在25～28℃时生长迅速，8～10月为地黄根状茎迅速生长期，10～11月地上茎叶枯萎。

地黄

三、生产栽培管理技术

1. 选地整地

地黄是喜光植物，种植时宜选择阳光充足、土层深厚、疏松肥沃、排水良好的沙质土壤，新开的土地最适宜种植。于冬前深翻30 cm，翻地前每亩施入充分腐熟的优质圈肥1 500 kg，或者施磷酸二胺40 kg，翻入土中作基肥，平整耙细，做成垄距75 cm、高22～25 cm的高垄栽种；亦可做成1.3～1.5 m的宽畦，采用平畦种植，但要在四周开好大的排水沟，以利于排水。

2. 繁殖方法

地黄一般用根状茎繁殖，种子繁殖多在培育新品种时采用。选择健壮无病害的根状茎，截成2～3 cm长的小段，每段要有2～3个芽眼，切口蘸草木灰，稍晾晒即可栽种。或者选择新鲜无病手指粗的根状茎，截成6 cm长的小段，切口蘸草木灰，稍晾晒后即可栽种。

3. 种植

地黄栽种期因为各地气候条件不同而有一定差异。

高垄种植　每垄2行，株距25～30 cm，交错开穴。每穴栽1～2块（段）

种苗，覆土压实。

平畦种植 按行距30～35 cm、株距25～30 cm，在平整的畦面上挖深3～5 cm的浅穴，每穴横放种栽1～2块（段），盖一把土灰，再盖细土与畦面平齐。每亩需栽种60～80 kg。

栽后10天左右出苗。

4. 田间管理

（1）间苗、补苗

当苗高10～12 cm时，进行间苗。每穴留壮苗1株。遇有缺苗，应选择阴天或者傍晚及时补栽。为了提高成活率，补苗时要带土起苗。

（2）中耕除草

整个生长期几乎不需要除草。地黄根状茎入土较浅，中耕要浅以免伤根。幼苗周围的杂草用手拔除，封垄后停止。有草时可以用除草剂，地黄种植最好用乙草胺封闭，但应严格按说明书操作。

（3）追肥

地黄喜肥，只要土地肥沃，都可高产，因此要注意及时施基肥、追肥。齐苗后应结合除草施肥1次，每亩施农家肥3 000 kg或饼肥50～100 kg。苗高15 cm左右施第二次,每亩施入复合肥20 kg或者尿素10 kg。封行后不再追肥。此后每年还要施肥1次，一般于7～8月施火土灰或者磷酸二氢钾5 kg 1次，促进植株生长。

（4）浇、排水

地黄耐旱怕湿，但在出苗到块茎形成期，要保持一定的土壤湿度，否则会影响出苗率和产量。浇水时应小水勤浇，前期及时浇水保苗，后期适当控制浇水。块茎形成期要严防积水，雨季到来前要提前挖好排水沟，及时疏沟排水。

（5）摘蕾

地黄抽薹开花时要及时摘除花蕾，以减少养分消耗，促进增产。

5. 病虫害防治

斑枯病 多在5月中旬发生，危害叶片。发病部初现黄绿色病斑，后变成黄褐色，叶片上出现许多小黑点，严重时可致植株死亡。发病时可喷洒新型抗枯灵剂500倍液，或者甲基硫菌灵1 000倍液防治，每隔10～14天喷洒1次，连续喷洒3～4次；增施磷、钾肥，增强抗性；清洁田园，清除残枯病叶集中烧毁或深埋。

轮纹病 危害叶片。发病叶上呈现同心轮纹，上生黑点，导致叶片枯死。发病时可用75%百菌清粉剂600倍液喷洒防治，每隔10～14天喷洒1次，连续3～4次；增施磷、钾肥，增强抗性；清洁田园，清除残枯病叶集中烧毁或深埋。

蚜虫 用50%抗蚜威500倍液喷雾防治。

6. 特别提示

地黄忌连作。可选择多年未栽种过地黄的土地种植，前茬栽种以禾本科作物为宜。花生、芝麻、油菜、棉花、豆类、瓜类、萝卜地容易感染根线虫害，不宜栽种地黄。

四、采收加工

1. 采收

10～11月霜降前地上茎叶枯黄后及时采收。采收时要割去茎叶，整棵挖起，取根茎，洗净泥土。

2. 加工

将鲜地黄除去须根，按照大、中、小分级后分别置于火炕上炕干。初用武火，使温度快速上升到80～90℃，当地黄体软无硬心时，取出堆闷，覆盖麻袋或者稻草，使其发汗。5～7天后回炕再次炕干，温度控制在50～60℃（温度过高或过低都会影响质量），炕6～8小时，至颜色逐渐变黑，干而柔软时即为生地黄。

生地黄加黄酒50%，于罐内封严，加热炖干黄酒，取出晒干即成熟地黄。

亩产干品400～600 kg，折干率20%～25%。

3. 留种

在背阴处挖宽、深各 1 m 的地窖，预置沙土晾风，埋前消毒。采收时选无病、无创伤的中等个小块茎（鲜生地黄）置入地窖贮存，铺放 15 cm 厚的块茎再覆盖细土，盖严为止。随着气温下降，逐步加厚覆土，以防冻坏，第二年春天，拣好块茎栽种。鲜地黄易腐烂，可埋在沙土（一层沙土一层沙地）中保存，以防冻坏或腐烂。

五、品质鉴定

1. 分类

鲜地黄（鲜生地） 呈纺锤形或条状，长 8～24 cm，直径 2～9 cm，外皮薄，表面浅红黄色，具弯曲的纵皱纹、芽痕、横长皮孔不规则疤痕。肉质易断，断面皮部黄白色，可见橘红色油点；木部黄白色，导管呈放射状排列。气微，味微苦、微甜。

生地黄（干生地） 多呈不规则的团块或长圆形，中间膨大，两端稍细，长 6～12 cm，直径 3～6 cm。有的细小、长条状、稍扁或扭曲。表面棕黑色或棕沙色，极皱缩，有不规则的横曲纹。体重，质较软而韧，不易折断，断面棕黑色或乌黑色，有光泽，具黏性，气微，味微甜。

熟地黄 呈不规则的块状。内外均呈漆黑色，皱缩不平，质柔软，端面滋润，中心部可看到光亮的油胆状物，黏性大。气微，味甜。以肥大、质重、断面乌黑油润者为佳。

2. 等级标准

一等标准：干货。呈纺锤形或条形圆根，质重、柔润，表面灰白色或灰褐色，断面黑褐色或黄褐色，味微甜，具油性，每千克 16 根以内。无芦头、生心、焦枯杂质、虫蛀、霉变。

二等标准：每千克 32 根以内，其余标准与一等标准相同。

三等标准：每千克 60 根以内，其余标准与一等标准相同。

四等标准：每千克 100 根以内，其余标准与一等标准相同。

五等标准：具油性，但油性少，支根瘦小，每千克 100 根以上，最小直径 1 cm 以上。其余标准与一等标准相同。

六、药材应用

生地黄味甘、性寒，归心经、肝经、肾经，具有清热凉血、养阴生津等功效。主治热病伤阴，舌绛烦渴，阴虚内热，骨蒸劳热，津伤便秘，吐血，衄血，温毒发斑等。

鲜地黄性凉，功用同生地黄。主治热病伤阴，舌绛烦渴，温毒发斑，吐血，衄血，咽喉肿痛等。

熟地黄味甘、微苦、性微温，归肝经、肾经，具有滋阴补肾、养血补血益精填髓的功效。主治肝肾阴虚，腰膝酸软，骨蒸潮热，盗汗遗精，内热消渴，血虚萎黄，心悸怔忡，月经不调，崩漏下血，眩晕，耳鸣，须发早白等。

按照《中华本草》功效分类，鲜地黄、生地黄与熟地黄的药性和功效差异较大。鲜地黄、生地黄为清热凉血药，熟地黄则为补益药。

现代医学研究发现，地黄除具有滋阴补肾、养血补血、凉血的功效外，还有强心利尿、解热消炎、促进血液凝固和降低血糖的作用。此外，熟地黄还有降低血压、恢复放射损伤的作用。

七、炮制方法

生地黄（干生地） 除去杂质，洗净，闷润，切厚片，干燥。

熟地黄 取洗净生地黄，每 100 kg 生地黄用 30～50 kg 黄酒拌匀，润透使黄酒吸尽，置于笼屉内蒸，呈内外乌黑色为度；或者照酒炖法炖至酒被吸尽，取出晒至八成干，切 5 mm 厚片。也可取净生地黄，照蒸法蒸至黑润，取出，晒至约八成干，切厚片或块，干燥。

八、使用方法

煎服，或入丸、散，还可用于食疗。

【示例1】八珍汤

原料：熟地黄 15 g，当归、白术各 10 g，茯苓、白芍药各 8 g，川芎、炙甘草各 5 g，人参 3 g，生姜 6 g，大枣 3 g。

做法：将以上药物一同放入砂锅，水煎 30 分钟，取汁即可。每日 1 剂，分 2 次温服。

该品具有补益气血的功效，可治面色苍白、头晕目眩、食欲减退、心悸怔忡等症。

【示例2】何首乌地黄粥

原料：熟地黄 15 g，制何首乌（炮制后的何首乌）10 g，粳米 100 g，白糖 15 g。

做法：先将熟地黄、何首乌放入砂锅中，水煎取汁，然后用药汁熬煮粳米，出锅前调入白糖即可。每日早、晚食用。

九、使用禁忌

脾虚腹泻、气滞痰多、脘腹胀痛、湿滞便溏、胃虚食少者不适宜食用。地黄不宜与薤白、韭白、萝卜、葱白一起食用。煎服时不宜用铜铁器皿。

远志

一、概述

远志，又名细草、线儿茶、小草根、葽绕、蕀蒬等，远志科远志属多年生草本植物，以干燥根或者根皮入药，具有安神益智、清心除烦、祛痰、消肿的功效。远志药用价值高，需求量大，是我国传统的大宗药材。主要分布于东北、华北山地，黄土高原和鄂尔多斯高原。主产于黑龙江、吉林、辽宁、河北、河南、山西、山东、陕西和甘肃等地。古代以河南、山西所产药材为道地药材，今以山西的产量最大，陕西的质量最好。

二、生物学特性

1. 生物学特征

远志，多年生草本植物，高 20 ~ 40 cm。主根粗壮，韧皮部肉质，具少数侧根。茎由基部丛生，直立或斜生，上部多分枝。单叶互生，线形或狭线形，先端渐尖，基部渐窄，全缘，中脉明显。总状花序偏侧生于小枝顶端，细弱，通常稍弯曲；萼 5 片，外轮 3 片较小，线状披针形，内轮（上面两侧）2 片大，花瓣状，成稍弯斜的长圆状倒卵形；花瓣 3，基部合生，紫色，两侧瓣为倒卵形，中央花瓣较大，呈龙骨瓣状，顶端着生流苏状附属物；雄蕊 8，花丝基部合生，呈鞘状；雌蕊1，子房倒卵形，扁平，2室，花柱弯曲，柱头2裂。蒴果扁平，卵圆倒心形，绿色，光滑。种子卵形，微扁，棕黑色，密被白色细毛。花期5~7月，果期7~9月。

2. 生态习性

远志原生于海拔200~2 300 m的山坡草地、草原、灌木丛中及杂木林下，喜冷凉气候，忌高温，耐寒耐旱，怕水涝，是一种十分抗寒、抗旱的草本药材。远志能承受 –30℃低温，短期能耐38℃高温。春季植物返青季节和开花期需水量多，适宜栽种在年降水量300~500 mm的地区。对土壤要求不高，但是黏土和低湿地不宜种植。

三、生产栽培管理技术

1. 选地整地

远志宜选择通风、排水条件良好的壤土或者沙质壤土栽培，地势以坡度小于15°、东南至西北坡向的坡地为佳。也可以选择一般农田种植，但应选择在生态环境良好的区域种植。

远志是多年生深根植物，栽种前应深耕翻地，翻深30 cm以上，翻地前必须一次施足基肥。每亩施充分腐熟厩肥或堆肥2 500~3 000 kg、过磷酸钙50 kg，整平耙细，做平畦。也可于前一年秋季将地深耕，耕后不耙，这样能蓄当年冬天的雪雨水，还能冻死部分越冬虫卵。第二年4月上旬将地整细耙平，并根据当地情况做畦，以便管理和浇水。

2. 繁殖方法

一般用种子繁殖，直播或者育苗移栽均可。也可用根段繁殖。

（1）种子繁殖

采种　二年生的远志产种很少，三年生植株才能结较多种子，因此，采种应选择三年生远志。远志种子细小，成熟期不一致。一般6月中旬至7月初成熟的果实种子质量较好，7月中旬以后开花结果的种子成熟度较差，或不能成熟，故应在6月中旬至7月初采种。

由于远志先开花的植株与后开花的间隔时间较长，蒴果成熟后易开裂，致使种子散落地面，故应在蒴果八成熟时采收种子，随熟随采，分期分批采收。也可以在行间铺设塑料布，任成熟种子掉落，每晚定期从塑料布上扫取种子（蚂蚁喜食远志种子，傍晚前抢在蚂蚁出去前扫取）。还可以在 2/3 以上种子成熟后，一次将花序割下，晒干脱粒。

种子收获后，过筛去杂，晾晒或风干，放通风干燥处备用。远志种子放置一年发芽率与新采种子相似，但放置两年发芽率显著下降。

直播　直播每亩用种 0.75～1 kg。种子发芽最适温度是 25℃，所以播种不宜过早。春播可于 4 月中下旬播种，秋播可于 9 月下旬到 10 月上旬进行，亦可于 6～9 月进行夏播。夏播时气温较高，雨水较多，利于远志出苗，是远志的主要生长期和适宜播种期。

远志种植宜密不宜稀。在整好的畦上按照行距 15～20 cm 开 0.8～1 cm 的浅沟条播。由于远志种子细小，播种时下种量不易掌握，可掺入 3～5 倍的沙拌匀，后均匀撒入开好的沟内。播后覆土 1.5 cm，稍加镇压，浇足水，并在上面覆盖麦草，以保墒土壤，利于出苗成长。播后 15 天左右出苗，出苗之前必须保持土壤湿润。秋播种子在翌年春季出苗。夏播种子出苗后要逐渐揭去盖草，因刚出土的小苗非常细弱，若一下子把草全部揭掉，小苗会被晒死，所以应分多次逐渐揭开，最后还要留一些草，薄薄地覆盖在地里。

育苗移栽　3 月上中旬至 4 月上旬在苗床上按行距 8～10 cm 开浅沟条播或者撒播，覆土 1 cm 育苗。每亩地播种子 1～1.5 kg，盖草保湿。可用小拱棚薄膜覆盖，使苗床温度保持在 15～20℃。如果土壤干旱，播前苗床应浇透水，等水渗透后再播。播后 10 天左右出苗。当苗高 2～3 cm 时，可将薄膜去掉，随即喷水，保持土壤湿润；待苗高 4～5 cm 时间苗，按 2～3 cm 的株距去弱留壮；当苗高 5 cm 左右时，即可移栽定植，按照行距 15～20 cm、株距 5～6 cm 定植。定植宜选择阴天或 16 点以后太阳光不太强时进行，也可以经疏苗管理后于当年秋季移栽。

远志一年三季都可种植，在干旱地区下过透雨后种植最佳。

（2）根段繁殖

用种子繁殖扩繁速度快、面积大，但种苗生长速度慢、生产周期长，且蚂蚁喜食远志种子，易出现缺苗。用根段繁殖生长速度快、产量较好，但分根繁殖受种根资源限制，不利于大面积扩繁种植。

选择无病害、色泽黄亮、粗 0.3 ~ 0.5 cm 的根作种根，于 4 月上旬在整好的地内按行距 15 ~ 20 cm 开沟，每隔 10 cm 放种根 2 ~ 3 节，覆土 3 cm，稍压实。每亩需种根 10 ~ 15 kg，20 ~ 30 天可出苗。

3. 田间管理

（1）间苗、补苗

直播田中，当苗高 3 ~ 5 cm 时，按照株距 3 ~ 6 cm 进行间苗，缺苗的地方及时补苗。

（2）中耕除草

远志植株矮小，苗期生长缓慢，幼苗又细又弱，抗性很差，应勤松土除草，做到有草即拔。松土要浅，以免伤根，连续 2 次，保持土表疏松湿润，以保水保肥，利于根系呼吸作用和好气性微生物的活动。栽种第一年一定要做到勤除草，以免影响幼苗生长。

（3）浇、排水

远志属深根植物，耐旱怕涝，但种子萌发期和幼苗期需适量浇水补水。苗期根系弱，应防春旱，要及时抗旱保苗。生长后期根系长成，一般不需要浇水。雨季要注意提前开好排水沟，及时排水防积。积水会导致植株生长不良，引起叶片变黄脱落甚至整株枯萎。生产上常于上冻之前浇 1 次越冬水；第二年春，除去干枯的茎叶后浇返青水，同时划锄松土，保温保湿，有利返青早发。

（4）肥水管理

施肥以基肥为主，追肥为辅。基肥需氮、磷、钾肥齐全，追肥则重施磷、钾肥，具体可根据土壤肥力情况而定。一般在施足基肥的情况下，第二年 5 月植株进入旺盛生长期前，每亩施入饼肥 30 kg、过磷酸钙 20 kg，拌匀后开沟施入。每年 6 月中旬至 7 月中旬，植株生长旺盛期可根外追肥，每亩喷施 0.3% 磷酸二氢钾溶液 75 kg 或者 1% 硫酸钾溶液 60 kg，每隔 7 ~ 10 天喷施 1 次，连续 3～5 次，喷施时间以 17 点以后为佳。施钾肥可以增强远志的抗病能力，促进根部生长和膨大，进一步提高根部产量。第三年 4 月初，每亩追施磷酸二铵 15 kg、硫酸钾 8 kg；6 月下旬，每亩再追施磷酸二铵 20 kg、硫酸钾 10 kg，以促进根系生长。

（5）间作

远志可以与果树套种，也可以与其他作物间作。要注意，与远志间作的植株不能将远志全部遮住，否则会影响远志生长。

4. 病虫害防治

远志很少发生病虫害。可在其生长期间用退菌特或者多菌灵等杀菌剂 1 000 倍液喷施 2～3 次预防病害。若遇虫害，可用杀虫剂喷洒防治。

根腐病 多雨季节易发，危害根部。发病初期，病株根部至根茎部局部变褐色腐烂、呈条状不规则紫色条纹，叶柄基部出现褐色、棱形或椭圆形烂斑；后期叶柄基部腐烂，根茎腐烂，植株枯死。病苗叶片干枯后不落，拔出病苗时，根皮一般留在土壤中。因此，发现病株后应立即拔除，在病穴处抖净病土（防止扩散），将拔掉的病株集中烧毁；病穴部位用 10% 的石灰水或用 1% 的硫酸亚铁消毒；发病初期用 50% 甲基硫菌灵 800～1 000 倍液浇灌病株根部，也可用 50% 多菌灵 1 000 倍液，隔 7 天喷洒 1 次，连续喷洒 2～3 次。

叶枯病 高温季节易发生，危害叶片。一般从植株下部叶片开始发病，逐渐向上蔓延。发病初期，叶面产生褐色圆形小斑，随后病斑不断扩大、中心部呈灰褐色，最后叶片焦枯、植株死亡。可用代锌锰森 1 000 倍液，或者瑞毒霉 800 倍液喷洒。每隔 7 天左右喷洒 1 次，连续喷洒 2 次。

蚜虫、豆芫菁 成虫白天活动，喜食嫩叶，也能取食老叶和嫩茎。因其繁殖快、群体大，常造成植株严重减产。蚜虫防治可用 10% 吡虫啉 2 000～3 000 倍液喷雾，隔 7～10 天喷洒 1 次，连喷 2 次。豆芫菁防治可用 4.5% 高效氯氰菊酯乳油 1 000～1 500 倍液或 2.5% 溴氰菊酯 3 000 倍液喷雾，每隔 7 天喷洒 1 次，连喷 2 次；或者用 40% 硫酸烟碱 800～1 000 倍液喷洒防治。

四、采收加工

1. 采收

远志以根入药，播种后 2～3 年收获，以生长三年的产量高、质量好。采收于秋季苗枯后或春季萌芽前，在畦的一头深挖 30～50 cm，完整挖出整个根部，采挖时要小心，不要碰伤根皮。

2. 加工

除去须根、洗净泥土，先放在水泥地面上暴晒 3～4 天，晒至半干，将半干根条装入袋中，装满压实，放入室内，堆闷“发汗”，使其回软。堆闷 3 天回软后就可以抽筒（抽去木心）了，选直径 0.5 cm 以上的根条，来回搓揉，至皮肉与木心分离，然后抽出木心，抽去木心后晒干即为远志筒。抽筒时要轻、准、巧，抽出的筒越长越好。直径在 0.3～0.5 cm 的较小根条用棒打裂，去掉木心，晒干即为远志肉；直径在 0.3 cm 以下的因过细而不能去木心的，晒干称为远志根。三者均可供药用，但价格不同，以大者为质优，价高。一般情况下，三年生远志亩产干品可达 180 kg，其中远志筒可占 60% 以上。远志播后第二年秋也可采收，亩产干品 100 kg 左右，其中远志筒占 20%～30%，折干率 30% 左右。

五、品质鉴定

远志筒　呈筒状，中空，拘挛不直，长 3～12 cm，直径 0.3～1 cm。表面灰色或灰黄色。全体有密而深陷的横皱纹，有些有细纵纹及细小的疙瘩状根痕。质脆易断，断面黄白色、较平坦，微有青草气，味苦微辛，嚼之有刺喉感。

远志肉　多已破碎，肉薄，横皱纹较少。

远志根　细小，中间有较硬的淡黄色木心。

晒干的药材，无论远志筒、远志肉还是远志根，均以身无杂、无霉变为佳。其中远志筒质量以身干筒粗、肉厚，去净木心者为佳。

六、药材应用

远志性温、味苦辛，归心经、肾经、肺经，属安神药下属分类的养心安神药，具安神益智、清心除烦、解郁、祛痰、消肿等功效。主治健忘惊悸，失眠多梦，神志恍惚，咳嗽多痰，痈疽疮肿等症。

现代医学研究发现，远志有镇静、镇痛、安眠、抗惊厥的作用，具有祛痰、降压、溶血、收缩子宫、抑菌、抗突变、中枢镇静与抗惊厥等作用。

七、炮制方法

制远志　取甘草，加适量水煎汤，加入净远志段，用文火煮至汤被吸尽，取出干燥。每 100 kg 远志段，用甘草 6 kg。

炒远志　取制远志，置热锅内，用武火炒至表面焦黑色，内部焦褐色，取出，喷淋清水少许，晒干。

蜜远志　取炼蜜加入适量开水稀释，拌入远志段拌匀，闷润，用文火加热，炒至不粘手，取出放凉。每 100 kg 远志段，用炼蜜 25 kg。

八、使用方法

可煎汤、浸酒，入丸、散，可研末酒调敷，还可用于食疗。

【示例 1】远志酒

原料：远志 20 g，黄酒 800 mL。

做法：将远志置入黄酒中，密封浸泡 7 日即可。每日早晚饮用 15 mL。

该品具有安神镇静、止咳化痰的功效。

【示例 2】安神定志茶

原料：远志、石菖蒲各 6 g，茯苓、人参各 3 g，蜂蜜 5 g。

做法：将上述原料全部放入杯中，沸水冲泡，盖闷 15 分钟后饮用。

该品可安神定志、养心益气，治失眠多梦、心悸怔忡、心神不宁等。

【示例 3】远志冬菇汤

原料：远志嫩苗 150 g，冬菇 8 朵，豆腐 100 g，鲜鸡汤 1 000 g，火腿 20 g，精盐、味精、香油适量。

做法：将远志苗择洗干净，入沸水中焯一下，取出置冷水浸洗后切成小段；冬菇、火腿切片，豆腐切块。鲜鸡汤锅置旺火上，加入冬菇、火腿、豆腐、精盐，汤炖开后烧 2 分钟，放入远志，再烧 2 分钟，加入味精，淋上香油，即可食用。

该品有安神益智的功效。

九、使用禁忌

阴虚火旺、脾胃虚弱者慎服。孕妇慎用。用量不宜过大，以免引起恶心呕吐。服后忌食生冷、黏腻、刺激性大的食物。

黄芪

一、概述

黄芪，又名黄耆、棉芪、元芪、百本、七神草等，豆科黄芪属多年生草本植物，以根入药，具有补气固表、利尿、托毒排脓、敛疮生肌等功效，属补虚药下属分类的补气药，为著名常用中药材。广泛分布于黑龙江、吉林、辽宁、内蒙古、山西、甘肃、河南、四川、陕西、宁夏等地，主产于内蒙古、山西、甘肃、黑龙江、河南等地。由于长期大量采挖，近几年来野生黄芪的数量急剧减少，趋于灭绝。该植物现为渐危种，国家三级保护植物。

二、生物学特性

1. 生物学特征

膜荚黄芪，多年生草本植物，高 50 ~ 150 cm。根直而长，圆柱形，稍带木质，长 20 ~ 50 cm，表面淡棕黄色至深棕色。茎直立，具分枝，被长柔毛。奇数羽状复叶，互生；叶柄基部有披针形托叶，叶轴被毛；小叶 6 ~ 15 对，卵状披针形或椭圆形，长 7 ~ 30 mm。夏季叶腋抽出总状花序，较叶稍长；花萼 5 浅裂，筒状；蝶形花冠淡黄色，长约 1.6 cm，旗瓣三角状倒卵形，翼瓣和龙骨瓣均有柄状长爪。荚果膜质，膨胀，卵状长圆形，长约 2 cm，被黑色短柔毛。种子 5 ~ 6 粒，肾形，棕褐色。花期 6 ~ 8 月，果期 7 ~ 9 月。

黄芪

内蒙古黄芪，多年生草本植物，高 50 ~ 150 cm，主根长而粗壮，条较顺直。茎直立，上部多分枝，有细棱，被白色柔毛。奇数羽状复叶，叶柄基部托叶呈三角状卵形，小叶较多，12 ~ 18 对，小叶片短小而宽，呈椭圆形。小叶片下面被柔毛。总状花序腋生，花冠黄色至淡黄色，长不及 2 cm，雄蕊 10，二体。荚果膜质，无毛。花期 6 ~ 7 月，果期 7 ~ 9 月。

2. 生态习性

黄芪多野生于海拔 800 ~ 1 300 m 半干旱的浅山丘陵地区的向阳草地、林缘、树丛间，性喜冷凉，耐旱，怕热怕涝。种子硬实率可达 30% ~ 60%，寿命为一年，陈种不发芽，发芽适宜温度为 15 ~ 30℃，用沙子或者砂纸擦破种皮能提高种子发芽率。幼苗细弱，忌强光，直播当年只长茎叶而不开花，第二年才开花结籽。生长周期 5 ~ 10 年，其中一年生和二年生黄芪幼苗的根对水分和养分吸收能力最强。随着生长发育，黄芪根部的吸收能力逐步减弱，但贮藏能力增强，主根变粗大。水分过多易发生烂根。

三、生产栽培管理技术

1. 选地整地

黄芪为深根系药材，根垂直生长可达 1 m 以上，俗称“鞭竿芪”。适宜于土层深厚、富含腐殖质、透水力强的中性和微碱性沙质土壤种植。土层薄时，根多横生，且多分枝，呈鸡爪形，质量差。土壤黏重时，根生长缓慢，带畸形，强盐碱地不宜种植。适宜在山区、丘陵、林果树地及闲置荒废的土地种植。忌连作，不宜与马铃薯、胡麻轮作。

平地种植时选择地势高燥、光照充足、土层深厚、疏松肥沃、排水良好的耕地，山地种植时选择土层深厚肥沃、光照充足的阳坡。播前深翻土地，施足基肥，结合整地每亩施入土杂肥或者堆肥 1 000 kg、过磷酸钙 50 kg。如果没有农家肥，可使用三元复合肥 50 kg 作为基肥。播种前再浅耕 20 ~ 25 cm，平整耙细后做 1.3 m 宽的高畦，畦沟宽 40 cm，开好四周排水沟，以利于排水。

2. 繁殖方法

选种采种　二年生黄芪便可开花结籽，但种子多不饱满。采三年生以上所结的种子最好。在选种时，应选择品种一致、无病害、无虫害、长势强的单株，对这些单株做好标记，单独管理。适时进行摘顶疏花。采收时要做到随熟随采。若采收不及时，荚果易自然开裂。采收的荚果，晒干脱粒，即可留作种用。

播前处理　播前采用水选法或者风选法，除去杂质、秕粒和虫蛀的种子，然后进行种子处理。可将种子置于 50℃ 的温水中浸泡 6 ~ 12 小时，捞出后装入布袋催芽。

播种　黄芪春、夏、秋季皆可播种。春播于 4 月中旬至 5 月上旬进行，也可于 4 月上旬进行，但必须确保土地平均温度在 12℃ 以上，最好的办法是使用地膜覆盖。夏播要尽早进行，一般于 6 月下旬至 7 月上旬进行，幼苗出土后要做好相应的防晒工作。秋播于 9 月下旬至 10 月上旬在土壤封冻前进行。春播应注意土壤墒情。在墒情不够好的情况下应该提前浇足水。

播种方法有条播、穴播和撒播。生产上多采用直播，田间管理方便，省工而产量高，质量好。育苗移栽不仅费工，而且移栽时易伤主根，形成鸡爪芪，影响药品质量。

条播　在畦面上每隔 30 cm 开一条横沟，沟深约为 3 cm，将种子与草木灰、肥料进行搅拌，或者拌等量细沙均匀撒入沟内，然后覆土 1 ~ 2 cm，稍加镇压。

穴播　在起好的畦面上按照行株距 30 cm × 25 cm 挖浅穴，每穴播 6 ~ 7 粒种子，然后覆盖 1 ~ 2 cm 细土。

撒播　播种面积较大时，也可撒播，可节省大量费用。

3. 田间管理

（1）中耕除草

黄芪幼苗成长速度较缓慢，在幼苗期会出现只长杂草、不长幼苗的草荒情况，所以当苗出齐后应及时松土除草。除草需要和中耕相配合，一般连续进行 2 ~ 3 次。第一次中耕在幼苗长到 7 ~ 8 cm 时可以进行。第二次中耕应选择在定苗后进行。中耕可疏松土壤、切断土壤毛细管，防止水分蒸发，起到防旱的作用。中耕深度一般以“苗期浅、成株深、苗旁浅、行中深”为原则，要做到不留草、不伤苗、不伤根、不埋苗。之后，每年于生长期视土壤板结情况和杂草长势进行松土除草。

为了防治黄芪早期田间杂草，在播种时或者播种后出苗前，可以采用氟乐灵或者二甲戊灵进行芽前除草，除草率可达 95% 以上。

（2）间苗、定苗

幼苗出齐之后，当苗高 7 ~ 10 cm 时要及时进行间苗，避免幼苗因为过度拥挤而出现争夺肥水、互相遮阴。在间苗过程中，要除去疙瘩苗、拥挤苗与瘦弱苗。经过 2 ~ 3 次间苗后，等到苗高 12 ~ 15 cm 时定苗，条播按株距 15 ~ 20 cm 留壮苗 1 株，穴播每穴可以留下壮苗 2 ~ 3 株。如果出现缺苗的现象，需及时补苗。补苗可选在阴天或者晴天的傍晚时分进行，在补苗完成后有灌溉条件的应及时浇水。

（3）浇、排水

黄芪耐旱，但幼苗期根未长成时，出苗和返青期需水量较大，所以在这一时期如遇干旱，应及时浇水，在非旱季就可以不用浇水。雨季应注意及时排水，避免黄芪根部发生腐烂。

（4）追肥

播种 1 ~ 2 年的黄芪生长旺盛，根部发育较快，可结合中耕除草适当追施磷、钾肥料。

4. 病虫害防治

白粉病　危害叶片和荚果。受害叶片两面和荚果表面生出白粉或者白色绒状霉斑，后期病斑上出现很多小黑点，造成叶片早期脱落、荚果逐渐干枯。

从苗期至成株期间均可发生，高温多湿的7～8月多发、重发。春季（发病期前）可用0.3波美度石硫合剂喷施预防；发病初期，用25%三唑酮1 500倍液或50%甲基硫菌灵800～1 000倍液喷雾或1∶1∶120的波尔多液喷雾，每15天喷施1次，连续喷3次；收获后清除田间病残体，集中烧毁深埋，以减少越冬病菌。

根腐病　危害根部，造成烂根。发病后植株自上而下萎蔫、枯黄死亡。多发生在6～8月，在高温高湿、土质黏重的情况下更易发病。应起垄种植或高畦种植，雨季注意及时排水防积，中耕翻地晒土；认真选地，加强田间管理，发现病株立即拔出烧毁，同时用1%硫酸亚铁溶液进行病穴土壤消毒处理，或者撒施生石灰于病穴及周围土壤消毒；发病期暂停浇水，以免病菌随水流扩散漫延；实行轮作。

紫纹羽病　危害根部。发病后根部变成红褐色，自皮层向内部腐烂，最后全根烂完，俗称红根病。雨季注意排水防积，促进植株健壮生长；发现病株后及时清除，病穴及周围土壤撒施生石灰消毒；发病初期用多菌灵、退菌特等灌根；结合整地每亩用70%敌磺钠1.5～2.0 kg进行土壤消毒。

豆荚螟　多在6～9月发生，成虫产卵于嫩荚或花苞上，孵化后幼虫蛀入荚内咬食种子，成虫后钻出果荚外，入土结茧越冬。可在成虫盛发期，于傍晚喷洒50%杀螟松1 000倍液，每7～10天1次，连续3～4次，直到种子成熟为止。

蚜虫　多在6～8月发生，危害嫩茎叶，从而影响植株正常生长发育，高温干旱年份尤为严重。可用50%抗蚜威500倍液喷洒防治，每7天1次，连续2～3次。

四、采收加工

1. 采收

黄芪一般种植2～4年可采收。黄芪药用部分为根部，必须长至一定的长度和粗度才能采收，但生长年限过久可产生黑心，影响品质。

10～11月为采刨期，用工具深刨小心挖取全根，避免碰伤根部外皮和造成断根。因其根生长很深，采挖时应以铁锹深刨，一般刨至 100 cm 左右才可拔起。

2. 加工

去净泥沙，趁鲜切去芦头，修去须根，晒至半干，堆放 1～2 天，使其回潮，再摊开晾晒。如此反复堆晒，直至全干。将根理顺直，扎成小捆，收藏贮存供药用。亦可将黄芪放于沸水锅内略浸 1～2 分钟，随即取出，置阴凉处，回润后再削去头尾，用绳捆把晾晒，再解捆搓直，再晒至干，成捆收贮。

一般置于通风干燥处，防潮，防蛀。

二年生亩产鲜品约 300 kg，折干率 30%；三年生根长可达 60～70 cm，亩产鲜品约 500 kg，折干率 35%，可亩产干品黄芪 200 kg 左右；四年生亩产鲜品 800 kg，折干率约 40%，亩产干品黄芪约 300 kg，产量和质量最优。

五、品质鉴定

黄芪　根呈圆柱形，少有分枝，上端较粗，长 30～90 cm，直径 1～3.5 cm。表皮浅棕黄色或淡棕褐色，略有光泽，可见不规则纵皱纹或横长皮孔。质硬而韧，不易折断，断面强纤维性，并具粉性，皮部黄白色，木部淡黄色，有放射状纹理及裂隙。老根中心偶有黑褐色，或呈空洞枯朽状。气微，味微甜，似蜜香气味，嚼之有豆腥味。

红芪　多序岩黄芪，根呈圆柱形，少分枝。表面灰红色，具纵皱及少数支痕，易整皮剥落而露出淡黄色的皮部及纤维。断面皮部淡棕色，中间具棕色环。质坚硬而致密，粉性。气微，味微甜。

黄芪以根条粗长、皱纹少、破皮少、菊花心鲜明、空洞小、断面色黄白、粉性足、味甘者为佳；红芪以皮色红润、根条均匀、坚实、粉性足者为佳。

六、药材应用

黄芪味甘、性微温，归肺经、脾经，有补气固表、利尿、托毒排脓、脱疮生肌的功效，属补虚药下属分类的补气药。主治体虚自汗，久泻，脱肛，内脏下垂，慢性肾炎，体虚浮肿，慢性溃疡，疮口久不愈合。

现代医学研究发现，黄芪具有增强机体免疫功能、保肝、利尿、抗衰老、抗应激、降压和较广泛的抗菌作用。常用于治疗气短心悸、乏力、虚脱、自汗、盗汗、体虚浮肿、慢性肾炎、久泻、脱肛、内脏下垂、痈疽难溃、疮口久不愈合、小儿支气管哮喘、慢性乙型肝炎、慢性肾炎和病毒性心肌炎。

黄芪和人参均属补气良药。人参偏重于大补元气，回阳救逆，常用于虚脱、休克等急症，效果较好；黄芪以补虚为主，常用于体衰日久、言语低弱、脉细无力者。

七、炮制方法

黄芪片　除去杂质，分开粗细条，水浸半天，捞出润透，切 3 mm 厚片，晒干或者烘干。

蜜黄芪　将黄芪片加炼熟的蜂蜜与少许开水，稀释后拌匀，闷透，放锅内用文火炒至不粘手（黄色），取出放凉。每 100 kg 黄芪片，用炼蜜 25 kg。

八、使用方法

固表止汗、托疮排脓、生肌敛疮、利水退肿宜生用，补脾益气升阳宜炙用。煎服为主，也可用于食疗。

【示例 1】黄芪鳝鱼汤

原料：黄芪 30 g，鳝鱼 300 g，生姜 1 片，红枣 5 枚（去核），大蒜 2 瓣。

做法：黄芪、红枣洗净，大蒜洗净、切段。鳝鱼去肠、洗净、斩段。起油锅放入鳝鱼、姜、盐，炒至鳝鱼半熟。将全部用料放入锅内，加清水适量，武火煮沸后，文火煲煮 1 小时，调味即可。

该品有补气养血、健美容颜的功效，适合气血不足之面色萎黄、消瘦疲乏者服食。

【示例 2】防己黄芪粥

原料：防己 10 g，黄芪 12 g，白术 6 g，甘草 3 g，粳米 50 g。

做法：将上述各种药材一起放入锅中，加入适量的清水，至盖过所有的材料为止。用大火煮沸后再用文火煎煮 30 分钟左右，然后加入粳米煮成粥即可。

该品有补血健脾、利水消肿的功效。

【示例 3】黄芪牛肉粥

原料：炙黄芪 30 g，牛肉 100 g，大米 30 g，大枣 10 枚，食盐适量。

做法：将牛肉切成小丁同炙黄芪放入锅中，煮半小时后去除黄芪。然后再加入大米，用文火煮成稀粥，调入食盐即可。

该品有补脾健胃、益气固表的功效，适合脾胃气虚、饮食减少、体倦肢软、少气懒言、面色苍白、大便稀溏、脉大而虚软者服食。

九、使用禁忌

内有积滞、外有表邪者及阴虚火旺者忌用。忌与萝卜、绿豆和强碱性食物，如葡萄、茶叶、葡萄酒、海带芽、海带等同食。与肝素、华法林、阿司匹林等药物合用会增加出血倾向。不宜与降血压药合用。

茯苓

一、概述

茯苓，又称松苓、茯灵、茯菟，多孔菌科茯苓属真菌，以干燥菌核入药，具有利水渗湿、健脾和胃、宁心安神等功效。茯苓在我国应用历史悠久，古人称之为“四时神药”，为常用中药材。主产于云南、安徽、湖北、河南、四川等地。

近些年，各地引种试种成功，产区日益扩大。野生茯苓主要分布于云南丽江地区。多寄生于马尾松或赤松的根部。

二、生物学特性

1. 生物学特征

茯苓在不同的发育阶段表现出 3 种不同的形态特征，即菌丝体、菌核和子实体。

菌丝体 包括单核及双核两种菌丝体。单核菌丝体又称初生菌丝体，是由茯苓孢子萌发而成的，仅在萌发的初期存在。双核菌丝体又称次生菌丝体，为菌丝体的主要形式，由两个不同性别的单核菌丝体相遇，经质配后形成。菌丝体外观呈白色茸毛状，具有独特的多同心环纹菌落。在显微镜下观察，可见菌丝体由许多具分枝的菌丝组成，菌丝内由横隔膜分成线形细胞，宽 2 ~ 5 μm，顶端常见到锁状联合现象。

菌核 由大量菌丝及营养物质紧密集聚而成的休眠体，形如甘薯，球形、扁球形或不规则块状；大小不等；新鲜时质软、易折开，干后坚硬不易破开，有厚而多皱的皮壳，表面粗糙、有瘤状皱缩，黑褐色或淡棕色，干后变为黑褐色，菌核内部粉粒状，内部外层淡粉红色，内部白色。在显微镜下观察，菌核中白色部分的菌丝多呈藕节状或相互挤压的团块状。近皮处为较细长且排列致密的淡棕色菌丝。精制后称为白茯苓或者云苓，是茯苓的药用部分。

子实体 子实体生于菌核上，一年生，平伏贴生。蜂窝状，大小不一，无柄平卧，厚 0.3 ~ 1 cm。初时白色，老后木质化变为淡黄色。通常产生在菌核表面，偶见于较老化的菌丝体上。子实层着生在孔管内壁表面，由数量众多的担子组成。成熟的担子各产生 4 个孢子（即担孢子）。茯苓孢子灰白色，长椭圆形或近圆柱形，有一歪尖，（6 × 2.5）~（11 × 3.5）μm。

在适宜条件下，茯苓的孢子先萌发产生单核菌丝，而后发育成双核菌丝，形成菌丝体。菌丝体在木材中旺盛生长，并繁殖出大量的营养菌丝体，这一阶段为菌丝生长阶段。菌丝体中的茯苓聚糖日益增多，到了生长的中后期聚结成团，逐渐形成菌核。菌核初时为白色，后渐变为浅棕色，最终变为棕褐色或黑褐色的茯苓个体，这一阶段为菌核生长阶段，俗称结苓阶段。

2. 生态习性

茯苓是一种好气性寄生真菌，野生茯苓常寄生在海拔 600 ~ 1 000 m 山区的马尾松、赤松、黄山松、云南松、黑松的根部，深入地下 20 ~ 30 cm。喜温暖、干燥、通风、阳光充足、雨量充沛的环境。茯苓孢子在温度达到 22 ~ 28℃时萌发。菌丝体在温度为 10 ~ 35℃的环境中生长，在 23 ~ 28℃时会生长迅速，20℃以下则生长缓慢，温度高于 35℃时菌丝体易老化，持续长时间高温会引起菌丝体死亡。子实体在温度为 18 ~ 26℃时分化生长并能产生孢子，0 ~ 4℃的低温可保藏菌种。菌丝体及菌核生长发育适宜在段木含水量为 50% ~ 60%、土壤含水量为 25% ~ 30%、土壤 pH 为 4 ~ 6 的环境下。子实体的形成需要空气相对湿度在 70%～85%。茯苓在坡度 10°～35° 的山地沙性土较适宜生长。昼夜温差大的条件有利于其生长。

需要注意的是，茯苓与土茯苓名称相近，但其实质则完全不同。土茯苓是菝葜科植物光叶菝葜的根，外皮黄棕色或灰褐色，与茯苓完全不同。

三、生产栽培管理技术

1. 茯苓菌种的培养

（1）母种（一级菌种）的培养

培养基的配制 多采用马铃薯－琼脂 (PDA) 培养基。

配方：马铃薯 250 g，蔗糖 50 g，琼脂 20 g，尿素 3 g，水适量。

配制方法：马铃薯切碎，加水 1 000 mL，煮沸 30 分钟，用双层纱布过滤。滤液加入琼脂，待其充分溶化后，再加入蔗糖和尿素，加水至溶液为 1 000 mL，即成液体培养基。将 pH 调至 6～7，分装于试管中，包扎，高压灭菌 30 分钟，稍冷却后摆成斜面。

纯菌种的分离与接种 选择新鲜红褐色、肉白、质地紧密的成熟茯苓菌核，清水洗净，表面消毒，移入接种箱或接种室内，用 75% 酒精冲洗，再用蒸馏水冲洗数次，稍晾后，用手掰开，用镊子挑取中央白色菌肉一小块（黄豆大小）接种于斜面培养基上，塞上棉塞，置 25～30℃恒温箱中培养 5～7 天，当白色茸毛状菌丝布满培养基的斜面时，即得纯菌种。

（2）原种（二级菌种）的培养

培养基的配制 配方：松木块（长、宽、厚分别为 30 mm、15 mm、5 mm）55%，松木屑 20%，米糠或麦麸 20%，蔗糖 4%，石膏粉 1%。

配制方法：先将松木屑、米糠或麦麸、石膏粉拌匀。蔗糖加 1～1.5 倍量水溶解，将 pH 调至 5～6，放入松木块煮沸 30 分钟，木块充分吸糖后捞出。将拌匀的木屑等配料加入糖液中，充分搅匀，加水，使含水量在 60%～65%（以手紧握指缝中有水渗出、手指松开后不散为度）。拌入松木块后，将混合物分装于 500 mL 的广口瓶中，装量占瓶的 4/5，压实，于中央打一小孔至瓶底，孔的直径约 1 cm，塞上棉塞，进行高压灭菌 1 小时，冷却后即可接种。

接种与培养 在无菌条件下，从母种中挑取黄豆大小的小块，放入原种培养基的中央，置 25～30℃的恒温箱中培养 20～30 天，待菌丝长满全瓶，即得原种。培养好的原种，可供进一步扩大培养用。若暂时不用，必须移至 5～10℃的冰箱内保存，但保存时间一般不得超过 10 天。

（3）栽培菌种（三级菌种）的培养

培养基的配制 配方：松木屑 10%，米糠或麦麸 21%，蔗糖 3%，石膏粉 1%，尿素 0.4%，过磷酸钙 1%，松木块（长、宽、厚分别为 20 mm、20 mm、10 mm）63.6%。

配制方法：先将蔗糖溶于水中，将 pH 调至 5～6，倒入锅内，放入松木块，煮沸 30 分钟，使松木块充分吸糖后捞出。另将松木屑、米糠或麦麸、石膏粉、过磷酸钙、尿素等混合均匀，与吸足糖的松木混合、拌匀，加水使配料含水量在 60%～65%。将混合物装入 500 mL 广口瓶内，装量占瓶的 4/5。塞上棉塞，用牛皮纸包扎，高压灭菌 3 小时，待瓶温降至 60℃左右时，即可接种。

接种与培养 在无菌条件下，从原种瓶中夹取长满菌丝的松木 1～2 块和少量松木屑、米糠等混合料，接种于瓶内培养基的中央。然后将接种的培养瓶移至培养室中培养 30 天。前 15 天温度调至 25～28℃，后 15 天温度调至 22～24℃。当乳白色的菌丝长满全瓶，闻之有特殊香气时，可供生产用。

一般情况下，一试管母种可接 5～8 瓶原种，一瓶原种可接 60～80 瓶栽培菌种，一瓶栽培菌种可接种 2～3 窖茯苓。

检查把关 在整个菌种培养过程中，要勤检查，如发现有杂菌污染，应及时淘汰，防止蔓延。

2. 段木栽培

茯苓栽培方式较多，用木段、树根及松针（松叶加上短枝条）均可。主生产区主要是利用茯苓菌丝为引子，接到松木上。菌丝在松木中生长一段时期后，便结成菌核，这便是段木栽培。

（1）种植地（苓场）选择

选地 苓场宜选择海拔 600～900 m 的山地阳坡，坡度 15°～25°，背风向阳、土层深厚、疏松通气、排水良好、中性及微酸性的沙质壤土（含沙量在60%～70%）地块种植。

挖窖 选好苓场后，于冬季清除石块、树根、草根等杂物，然后顺坡挖窖。窖间距为20～30 cm，窖深60～80 cm，长和宽依据木段多少及长短而定，一般长90 cm。苓场四周开好排水沟，挖好后暴晒、干燥备用。

（2）备料

伐木季节 于前一年立冬前后砍伐马尾松。此时松树处于休眠期，木材水分少，养料丰富。

全伐和选伐 全伐是将选好的一片松林砍光，用林场作苓场；选伐是在松林内选择适宜的松树进行间伐，然后运到另外的苓场进行栽种。

伐木 一般选用树龄20年左右的松树，砍伐直径10～20 cm的树干及蔸（指某些植物的根和靠近根的茎）、粗枝等。伐木时应注意砍弯留直、砍密留稀、砍大留小，蔸梢和砍栽结合。

段木制备 砍后随即剔去较大的树枝，用板斧将树干从蔸至梢纵向削去宽3 cm左右，深入木质部0.5 cm，每间隔3 cm削去一道，使树干呈多边形，即削皮留筋，促其加快干燥并流出松脂。削皮留筋后的松木集拢到苓场就地架起，按“井”字形堆码，放置约45天，使其充分干燥。当松木断口停止排脂、敲着有清脆响声时，再将其锯成65～80 cm长的木段（即料筒），置通风透光处备用。挖出的树蔸，同样进行削皮留筋和码晒，备用。

（3）下窖与接种（栽种）

冬季备的料，多在6月初前后接种，称夏栽；夏季备的料，多在8月末至9月初接种，称秋栽。

下窖 4～6月，选晴天把木段排入窖内，每窖排3～5段，粗细搭配，分层放置，准备接种。也可将不同粗细的段木分别归类入窖，直径4～5 cm的小段木，每窖放入5根，下3根上2根，呈“品”字形排列；直径8～10 cm的放3根；直径10 cm以上的放2根；特别粗大的放1根。排放时将两根段木的留筋面贴在一起，使中间呈“V”形，以利传引和提供菌丝生长发育的养料。

接种 菌种也叫引子，分“菌引”“肉引”“木引”3种。“菌引”是指人工培养的茯苓菌丝，“肉引”是指新鲜茯苓的切片，“木引”是指肉引接种的木料，即带有菌丝的木段。现多用“菌引”。

“菌引”接种：选晴天，将长满菌丝的松木块取出，顺段木“V”形缝一块接一块地平铺在上面，放 3 ~ 6 块，再撒上木屑等培养料。然后将一根段木削皮处向下紧压在松木块上，使之成“品”字形，用鲜松毛、松树皮把松木块菌种盖好。如果段木重量超过 15 kg，可适当增加松木块菌种量。接种后，立即覆约 7 cm 厚的土，使窖顶呈龟背形。也可把栽培种从瓶中或袋中倒出，集中接在木段上端锯口处，加盖一层木片及树叶，覆土；或者将窖内中、细木段的上端削尖，然后将栽培种瓶或袋倒插在尖端。需要注意的是，接种后一定要及时覆土。一般每 15 kg 松材用“菌引” 8 块。

“菌引”接种分为顺排、聚排及垫枕 3 种。顺排，即将菌引木块顺排夹放在段木间的夹缝处；聚排，即将菌引木块集中叠放在段木夹缝的顶端；垫枕，即将菌引木块集中垫放在段木顶端下面。

“肉引”接种：选择新挖的茯苓个体，中等大小，每个 250 ~ 1 000 g，以皮紫红、肉白、浆汁足为佳。“肉引”接种依据木段粗细采取上 2 下 3 或上 1 下 2 分层放置。接种时用干净刀剖开苓种，将苓肉面紧贴木段，苓皮朝外，边接边剖。接种量一般为每 15 kg 松材用“肉引” 150 ~ 250 g。

“肉引”接种分为贴引、种引、垫引 3 种。贴引，即将种苓切成厚约 3 cm 的小块，苓肉部紧贴于下面的段木两筋之间；种引（又名蔸引），即将种苓用手掰开，每块重约 250 g，将白色苓肉部分紧贴于段木截面顶端，大料上多放一些，小料上少放一些；垫引，即将种苓垫放在段木顶端下面，白色苓肉部分向上，紧贴段木，放好后用沙土填塞，以防脱落。

“木引”接种：将上一年下窖、已结苓的老段木在引种时取出，选择黄白色、筋皮下有菌丝，且有小茯苓又有特殊香气的段木作引种木，将其锯成 18 ~ 20 cm 长的小段，再将小段紧附于刚下窖的段木顺坡向上的一端。接种后立即覆土 7 ~ 10 cm。最后覆盖地膜，以利菌丝生长和防止雨水渗入窖内。接种量一般每 15 kg 松材用短“木引”（5 ~ 6 cm 长的木引块）5 ~ 6 块。

“木引”接种分为夹引、蔸栽 2 种。夹引，即将木引从中间横向对分锯成段，将其中一段夹种在中间；蔸栽，即将木引锯成 5 ~ 6 cm 长的短块，每根段木顶端种 1 块。

“木引”制备一般在 5 月上旬。选取直径 9 ~ 10 cm 的干松树，剥皮留筋后锯成 50 cm 长的木段。用新挖的鲜苓接种，一般 10 kg 木段的窖用鲜苓 0.5 ~ 0.7 kg。把白色苓肉部分贴在木段上端靠皮处，覆土 3 cm，8 月上旬便可挖出。选黄白色，筋皮下有明显菌丝，香气浓郁的作“木引”。

3. 树蔸栽培

（1）树蔸料制备

选择砍伐后 60 天以内的松树树蔸栽培最好，1 年以内、尚未腐朽、无白蚁栖居的亦可。将地上部分削皮留筋，同时挖开蔸旁土层，砍断根部 1 m 以外的侧根，将露出土面的较粗侧根削去部分根皮，进行日晒干燥，备用。

（2）接种（栽种）

蔸顶接种法 将菌种（“菌引”或“肉引”）集中接种在树蔸顶端边缘削皮留筋处（靠近传菌线部位），上面覆盖松木片或薄松树皮加以保护，然后用土掩埋，堆成龟背形，四周修挖排水沟。

坎口填引法 对蔸顶凹凸不平或残茎过高的树蔸，在近地面部位砍或锯一个深约 10 cm 的“L”形缺口，将菌种填放在缺口内，外用松树皮或干松枝遮盖，然后用土掩埋至接种缺口以上部位，并向外缓缓倾斜，呈圆土堆状。

侧根夹种法 选粗壮的侧根 5 ~ 6 条，将每条侧根削去部分根皮，宽 6 ~ 8 cm，在其上开 2 ~ 3 条浅凹槽以存放菌种。开槽后暴晒一下即可接种。另选用直径为 10 ~ 20 cm、长 40 ~ 50 cm 的干燥木条开成凹槽，使其与侧根成凹凸槽形配合，并排码放，然后在两槽间放置菌种，用木片或树叶将其盖好，覆土压实即可。或者在已干燥的树蔸上，选较粗的侧根，削去部分外皮，将种引夹放在侧根根部间隙中，若间隙较大，可用细料筒或干松枝填在侧枝中间，再接种。接种后用松木片或树皮遮盖保护，覆土封蔸。

根下垫种法 选较粗的侧根 1 个至数个，将侧根下的土层掏空，并削去根下方的部分根皮，然后将菌种垫放在根下，用沙土填紧固定，覆土封蔸。直径 20 cm 的树蔸，一般用“菌引” 15 ~ 20 块，或“肉引” 0.5 kg；直径较粗、侧根较多、质地较硬的树蔸，接种量也相应增加。

4. 苓场管理

（1）查窖补种

茯苓在接种10天后进行检查，若发现茯苓菌丝延伸到段木上，表明已“上引”。若未传引或发现杂菌侵染，应立即换补。补引是将原菌种取出，重新接种。1个月后再检查一遍，若段木侧面有菌丝缠绕延伸生长，表明生长正常。2个月左右菌丝应长到段木底部或开始结茯苓。

（2）除草和排水

苓场若有杂草，应立即除去。接种后经常疏通排水沟，防止水渍及窖面水土流失，以防雨季雨水浸灌，导致菌核腐烂。

（3）培土

8月开始结茯后，9～12月为茯苓膨大生长期。随着茯苓菌核的增大，窖面可能会出现干裂现象。此时应经常检查，及时培土加固，覆土厚度由原来的7 cm增至10 cm，以防止水分渗入导致菌核腐烂。若遇干旱，应喷水抗旱。雨后如发现土壤有裂缝，甚至菌核裸露，应及时培土。

5. 病虫害防治

青霉、木霉、根霉　可于接种前多次翻晒苓场；段木料筒及菌种严格挑选，发现杂菌侵染点，应小心移出场外，并用70%酒精杀灭；选择晴天栽培接种；防止窖内积水；发现菌核发生软腐等现象，应立即剔除，并用石灰对苓窖进行消毒；保持苓场通风干燥。

白蚁　选定苓场后清除腐烂树根，将臭椿树埋于窖旁；下窖接种后，苓场周围挖一道深50 cm、宽40 cm的封闭的环形防蚁沟，沟内撒石灰粉。发现白蚁时，立即挖除蚁巢，并用6%亚砷酸、40%滑石粉配成药粉，撒粉杀灭；5～6月，待白啮齿类和热血蚁分群时，悬挂黑光灯诱杀；引进白蚁天敌——蚀蚁菌。

螨类　使用氯杀螨砜喷杀。

茯苓虱　用尼龙纱网片掩罩在茯苓窖面上，可减少茯苓虱的侵入；可使用西维西水剂驱杀茯苓虱。

四、采收加工

1. 采收

茯苓接种后，经过 6 ~ 8 个月生长，菌核发育成熟；经 10 ~ 12 个月生长，苓场已不再继续出现新的裂纹，此时窖内段木颜色由淡黄色变为黄褐色，材质呈腐朽状，菌核皮色由淡棕色变为褐色（变深），表皮裂纹渐渐弥合（俗称“封顶”）。可选晴天采挖。夏栽的茯苓培养至第二年 4 ~ 6 月即可采收，秋栽的一般于 10 月下旬至 12 月初陆续进行采收。若采挖的茯苓呈黄褐色，说明采挖正当时；若呈黄白色，则说明未成熟；若已发黑，说明已过熟。

采收时，先将窖面泥土挖去，掀起段木，轻轻取出菌核，放入箩筐内。有的菌核会有一部分长在段木上，若用手掰，菌核易破碎，可将长有菌核的段木放在窖边，用锄头背轻轻敲打段木，将菌核完整地震下来。采收后的茯苓，应及时运回加工。采挖时应注意从中选出优质菌核用作菌种来扩大繁殖。

2. 加工

将挖出的新鲜茯苓（潮苓）刷去泥沙，堆在室内分层排好，底层垫空，使其自然“发汗”，每隔 3 天翻动 1 次。半个月后，当茯苓菌核表面长出白色茸毛状菌丝时，取出刷拭干净，置凉爽干燥处阴干，至表皮皱缩呈褐色时，即成个苓。在稍干表面起皱时削去的外皮为茯苓皮；里面切成厚薄均匀的块片为茯苓块或平片。切取近表皮处呈淡棕红色的部分，加工成块状或片状，则为赤茯苓；内部白色部分切成块状或片状，则为白茯苓；中间有木心的（白茯苓中心夹有松木的），切成正方形块片，即为茯神。将各部分分别摊于晒席上晒干即成商品。也可不切片，水分干后再晾晒干即为个苓。个苓多于国内销售，平片则用于出口。

（1）个苓

刷去泥土，按大小分开，似砌墙样堆放置于通风干燥室内离地面 15 cm 高的架子上，按照宽 1.3 m、高 1.3 m 的标准堆放，用薄膜覆盖，让其自然升温“发汗”，散出菌核内水分。一般 1 ~ 2 天后薄膜内壁可挂满水珠，此时用手探入薄膜罩内试探，若有灼热感时，说明温度过高，可适当掀开部分薄膜口，透气降温，避免堆中间部分赤化。3 天后翻堆 1 次，边翻边堆，翻好后再罩好薄膜，继续“发汗”。第二次罩薄膜时不宜罩实，使温度保持 35 ~ 40℃即可，5 ~ 7 天即可取罩，置凉爽干燥处阴干即成个苓。此法成品紧实光滑、碎苓少，适宜大量茯苓的发汗脱水。

(2)平片

选择晴天，削去潮苓外皮(苓皮)后再向内削一层(即是中切)，以后可开平片。把切下的平片晒至半干，再移入屋内阴晾一夜，然后压平，再修整一次，周围四边修下的称为片丝，再经过晒、晾、压等工序，干后成平片，就可分装木桶，每桶 24 层，每层加纸一层。

置于通风干燥处，防潮，防霉。

3. 野生茯苓的采收

可通过观察松林中松树生长状况和树桩周围地面情况辨别有无野生茯苓。

附近生长有野生茯苓的松树，有明显枯萎或衰败现象；树桩靠地面处有白色或淡棕色菌丝或菌丝膜状物，揭开树根皮，可见黄白色浆液渗出；树周地面较干燥，生长的杂草不多，有时还可见到不规则的裂隙(即龟裂状)，敲打或用脚踏此处地面，可觉察到有稍空洞的声响；用铁锥探试器插入地下进行刺探寻找，在深 10 ~ 20 cm 处探感有块状物，拔出时见到白色茯苓末子，即可确认。

五、品质鉴定

个苓 类球形、扁圆形、纺锤形或不规则的团块，大小不等。外皮薄而粗糙，表面黑褐色或棕褐色，有明显的皱纹或凹陷成沟。质重，坚实不易破开，破开面颗粒状，现棱角，断面周边部分淡棕色或淡红色，内部白色、细腻，有的具裂隙或中间抱有松树根。味淡，嚼之粘牙。

赤茯苓 去皮后，切下茯苓内部外层的淡红色部分。为大小不一的方块或碎块。深棕色或淡红色。

茯神 呈方块状，可见附有切断的一段茯神木。是茯苓中心天然抱有松木心者。色白，质坚实。

茯神木 是茯苓中间的木心，多为弯曲不直的松根或松枝。外部带有残留的茯苓，内部为木质。质松体轻，无皮，略似朽木。

茯苓皮 是削下的个苓的外表皮，形状大小不一，多为长条状或块片状，外表面黑褐色或棕褐色，内表面白色或淡红色。体轻质松，略具弹性。

茯苓水分不得超过18.0%，总灰分不得超过2.0%，醇浸出物不少于2.5%。

六、药材应用

茯苓味甘淡、性平，入心经、肺经、脾经、肾经，具有健脾和胃、宁心安神、渗湿利水、败毒抗癌的功效，属利水渗湿药下属分类的利水消肿药。常用于治疗水肿尿少、痰饮眩悸、脾虚食少、便溏泄泻、心神不安、惊悸失眠、遗精健忘等症。茯苓之利水，是通过健运脾肺功能而达到的，与其他直接利水的中药不同。茯苓药性平和，利湿而不伤正气。适量服食可作为春夏潮湿季节的调养佳品。

现代医学研究发现，茯苓有利尿作用，能促进尿中钾、钠、氯等电解质的排出；可松弛消化道平滑肌，抑制胃酸分泌，可预防胃溃疡，对肝损伤有防治作用；茯苓多糖有明显的抗肿瘤作用，可防止肝细胞坏死，有抗菌、抗癌、抗放射等作用；茯苓酸

茯苓药材

具有增强免疫力、抗肿瘤、镇静、降血糖等作用，能增强机体免疫功能。

七、炮制方法

茯苓 取原药材，大小个分开，用水浸泡，洗净，润透，稍蒸后趁热切厚片或块，同时切取茯苓皮（另作药用），干燥。

朱茯苓 取茯苓片，喷水湿润，加定量朱砂细粉拌匀，然后晾干。每100 kg 茯苓，用朱砂 2 kg。

八、使用方法

泡茶、泡酒，煮粥、煲汤，或入丸、散。宁心安神用朱砂拌。经常食用可健脾去湿，助消化，壮体质。

【示例 1】茯苓膏

原料：白茯苓 500 g，白蜜 1 000 g。

做法：先将白茯苓研为细末，以水漂去浮者，取下沉者，滤去水，再漂再晒，反复 3 次，再为细末，拌白蜜和匀，加热熬至滴水成珠即可，然后装瓶备用。每日 2 次，每次 12~15 g，白开水送服。

常服该品对老年性浮肿、肥胖症以及预防癌症均有裨益。

【示例 2】茯苓鸡肉馄饨

原料：茯苓 50 g，鸡肉适量，面粉 200 g。

做法：茯苓研为细末，与面粉加水揉成面团，鸡肉剁细，加生姜、胡椒、盐适量做馅，包成馄饨煮食。

该品有补脾利湿、益气、开胃下气的功效，适合脾胃虚弱、呕逆少食、消化不良者食用。

【示例 3】茯苓赤豆薏米粥

原料：白茯苓粉 20 g，赤小豆 50 g，薏米 10 g。

做法：先将赤小豆浸泡半天，与薏米共煮粥。赤小豆煮烂后，加白茯苓粉再煮成粥。加白糖少许，随意服食。

该品具有利水渗湿、健脾补中、止泻等功效。

九、使用禁忌

阴虚而无湿热、虚寒滑精、气虚下陷、津伤口干者慎服。忌米醋。

白及

一、概述

白及，兰科白及属多年生草本植物，因“其根白色，连及而生，故名白及”。以干燥块茎入药，具有收敛止血、消肿生肌的功效。常用于治疗咯血，吐血，外伤出血，疮疡肿毒，皮肤皲裂。分布于陕西南部、甘肃东南部、江苏、安徽、河南、浙江、江西、福建、湖北、湖南、广东、广西、四川、云南和贵州等地。贵州、四川、湖南、湖北、安徽、河南、浙江、陕西等地为其道地产区，以贵州产量最大、质量最好。

二、生物学特性

1. 生物学特征

白及，兰科白及属多年生草本植物，块茎（或称假鳞茎）肉质，肥厚，常数个相连。茎直立。叶 3 ~ 5 片，披针形或广披针形，先端渐尖，基部下延呈长鞘状，全缘。总状花序顶生，花 3 ~ 8 朵；苞片披针形，早落；花紫红色或淡红色；萼片 3，花瓣状，与花瓣近等长，狭长圆形；花被片狭椭圆形，先端尖，唇瓣倒卵形，上部 3 裂，中裂片边缘有波状齿；雄蕊与雌蕊结合成蕊柱，两侧有窄翅，柱头顶端有1雄蕊，花药块4对，扁而长，蜡质；子房下位，圆柱形，扭曲。蒴果圆柱形，两端稍尖，具6条纵肋。花期4～5月，果期7～9月。

白及

2. 生态习性

白及喜温暖、阴湿的气候环境，耐阴性强，忌强光直射，稍耐寒。常野生于山野、山谷较潮湿处（溪谷边及隐蔽草丛中或者林下湿地），适宜种植在排水良好、富含腐殖质的沙质壤土中。3～4月在地下越冬的根茎开始萌发；6月地上部分生长旺盛；霜冻后地上部分枯萎，地下部分可以在田间越冬。

三、生产栽培管理技术

1. 选地整地

选择肥沃疏松、排水良好、富含腐殖质的沙质壤土以及背阴低湿地带，或者近河林下湿地等阴湿的地块种植。栽种前深翻整地，深翻前亩施1 500 kg充分腐熟有机粪肥作基肥，耙细整平后做畦，畦宽60 cm，畦与畦之间预留30 cm的操作通道，四周做高埂，便于浇水。

2. 繁殖方法

有分株繁殖、种子繁殖、扦插繁殖等方法。因白及种子细小，发育不全的话，种子繁殖较难。生产上常采用白及的鳞茎进行分株繁殖。

分株繁殖一般在10～11月收获，也可待第二年开春土壤解冻后，选择三年生老株（成熟度高、芽眼多）采挖。采挖时应选择无病虫、无采挖伤的鳞茎作种球（分株繁殖材料）。剪下过长须根后，用快刀分切鳞茎，每茎须带 1 ~ 2 个顶芽。每棵鳞茎可分 3 ~ 5 株，切后伤口沾上草木灰，随挖随栽。在整好的田畦上，按照株距 15 cm、行距 20 cm、深 8 cm 左右开沟。将切好的鳞茎小块芽朝上平放入沟底，然后覆盖细肥土或者火灰土，浇腐熟稀薄人畜粪水，盖土、压实，然后用宽 80 cm 的黑色地膜覆盖畦面，地膜四周各留 10 cm，用土压实。

3. 田间管理

（1）中耕除草

采用黑色地膜覆盖可以保温保墒、降低冻害风险，杂草也会因为无法接受光照而难以生长。3 ~ 4 月白及出苗后，需要根据其生长情况及时在地膜上打孔；6 月，气温升高，白及生长旺盛，此时可以除去地膜，但此期杂草长得很快，应及时中耕除草。中耕时要浅锄，以免伤芽伤根。

（2）浇、排水

白及喜欢阴湿环境，生长期间需保持土壤湿润。若天气干旱，应及时浇水。7 ~ 9 月严重干旱时，应早、晚各浇 1 次水，以保持田间湿润。白及怕涝，雨季或者每次大雨后应及时排除积水，以免烂根。

（3）追肥

白及喜肥，应该结合中耕除草适时追施稀薄人畜粪肥。花后，白及进入生长旺盛期，可去除地膜，追施磷肥，使鳞茎生长充实。生产上一般于花后每亩追施硫酸铵 5 kg、磷酸钙 35 kg 和沤熟堆肥 1 500 ~ 2 000 kg。将上述肥料充分搅拌后，顺行撒施或者行间沟施即可。

（4）遮阴

白及幼苗喜阴，夏季高温季节忌阳光直射。夏季白天温度在 35℃ 以上时，白及生长十分缓慢或者进入半休眠状态。苦此时叶片被阳光灼伤，会慢慢变黄、脱落，因此在炎热的夏季要适当遮阴。可以通过与连翘、核桃、蓖麻等作物套种达到遮阴的目的。

（5）生长调控

花期及时剪除总状花序，适时喷施药材根大灵，促使养分向根系输送，提高营养转换率。此时，可配合中耕松土，以促进根部鳞茎快速膨大。

4. 病虫害防治

黑斑病 危害茎叶。发病初期喷施杀菌王或灭毒杀青水溶液 1 ~ 2 次，或者用 70% 甲基硫菌灵可湿性粉剂 1 000 倍液喷洒；清除病残枝叶，集中烧毁。

烂根病 多在春季多雨季节发生。防治时，可预先挖好排水沟，注意及时排水防积；少数植株发病时，可用 50% 退菌特可湿性粉剂 1 000 ~ 1 500 倍液浇灌；严重时，拔除病株，用生石灰拌穴土消杀。

地老虎、金针虫 可施充分腐熟有机肥减少虫源，也可用 Bt 生物农药防治。

根结线虫病 一旦发生，用阿维菌素撒施；深翻土壤，晒田、晾田；夏季高温高湿季节，起垄灌水覆盖地膜，密闭闷田杀虫。

四、采收加工

1. 采收

白及种植 2 ~ 3 年后即可采收，最晚第四年采收，以免地下鳞茎过于拥挤，造成生长不良。采挖一般在 9 ~ 10 月地上茎叶枯萎后进行。

采挖时要将全株挖出，抖去泥土，不摘须根，单个摘下，先选择有老秆的块茎作种茎，剪去其余茎秆，放入筐内备用。

2. 加工

将块茎在清水里浸泡 1 小时左右后，洗净后放到沸水锅里煮，煮时不断搅动，煮到内无白心时取出，置阳光下暴晒 2 ~ 3 天，或者置火炕烘干 5 ~ 6 小时，然后用硫黄熏 12 小时，熏透心后，继续晒或烘至全干。将干燥块茎放入竹筐或者槽笼里来回撞击，擦去未脱尽的粗皮和须根，使其光滑、洁白，筛去灰渣即成成品。

一般亩产鲜品 800 ~ 1 000 kg，亩产干品 300 ~ 500 kg。

五、品质鉴定

白及干品呈不规则扁圆形，多有 2 ~ 3 个爪状分枝，长 1.5 ~ 5 cm，表面灰白色或黄白色，有数圈同心环节和棕色点状须根痕，上面有凸起的茎痕，下面有连接另一块茎的痕迹。质坚硬，不易折断，断面类白色，角质样。气微、味苦，嚼之有黏性。以根茎肥厚、色白明亮、个大坚实者为佳。

六、药材应用

白及味苦、甘、涩，性微寒，归肺经、肝经、胃经，有收敛止血、消肿生肌的功效，属止血药下属分类的收敛止血药。常用于治疗肺结核咯血、溃疡病出血，以及外伤出血、疮疡肿毒、皮肤皲裂等。

现代医学研究发现，白及具有止血、保护黏膜、抗肿瘤、抗菌等作用，主治肺空洞、吐血、支气管扩张咯血，能加速红细胞沉降率，对毛细血管具有较好的修补功能，对小儿百日咳、矽肺疗效显著。白及的胶浆能促进创面愈合，促进肉芽生长，外用可治手足皲裂、疮疡不收口。

七、炮制方法

白及片 取原药材除去杂质，大小分档，洗净，闷润至透，切薄片，干燥。

白及粉 洗净，晒干，研成细粉。

八、使用方法

煎服，入丸、散，研粉吞服，外用适量，还可用于食疗。

【示例】牛奶白及蜂蜜饮

原料：牛奶 250 mL，蜂蜜 50 g，白及粉 6 g。

做法：将牛奶煮沸，加入蜂蜜、白及粉拌匀，冷却后温服。

该品具有益气养胃的作用，适合胃、十二指肠溃疡者饮用。

需注意的是，该品虽然有很好的滋补作用，但切勿与其他滋补中药一起服用。因为牛奶里含有大量的蛋白质、氨基酸、多种维生素以及钙、磷、铁等无机盐，与滋补药同服时，易与药中的有效成分发生反应，生成难溶的化合物，不仅使牛奶的营养价值大打折扣，还会降低滋补药的疗效。

九、使用禁忌

不宜与川乌、制川乌、草乌、制草乌、附子同用。外感及内热壅盛者禁服。

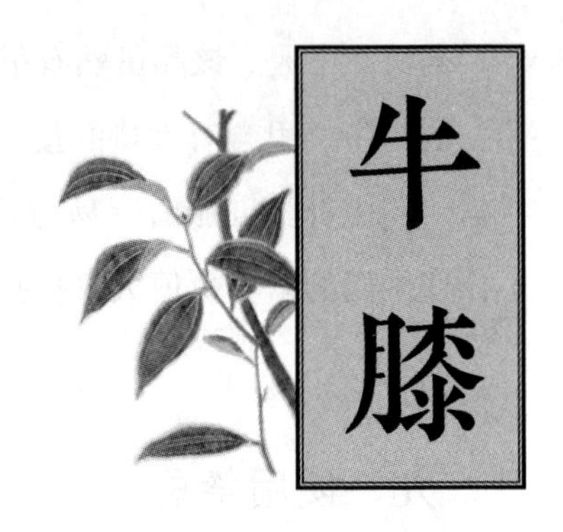

牛膝

一、概述

牛膝，又名怀牛膝、百倍、牛茎、山苋菜等，苋科牛膝属多年生草本植物，以其干燥根入药，有活血通经、散瘀血、消肿痛、补肝肾、强筋骨的功效。广泛分布于除东北以外的全国广大地区。产于河南焦作地区（今武陟、温县、沁阳、孟州市）的牛膝质量佳，称为怀牛膝，是四大怀药之一。四川、贵州、云南等地所产牛膝称川牛膝。

二、生物学特性

1. 生物学特征

牛膝，多年生草本植物，高 70 ~ 120 cm，根圆柱形，土黄色。茎直立，四方形或有棱角，绿色或带紫色，有疏柔毛，茎节膨大，分枝对生。叶对生，椭圆形或阔披针形，顶端锐尖，基部楔形，全缘。穗状花序顶生和腋生，花多数，密生，花被片披针形，雄蕊长 2 ~ 2.5 mm；退化雄蕊顶端平圆，稍有缺刻状细锯齿。胞果长圆形，黄褐色，光滑。种子长圆形，黄褐色。花期 7 ~ 9 月，果期 9 ~ 10 月。

2. 生态习性

牛膝为深根系植物，喜温暖干燥气候，喜光照，喜肥，耐旱，怕涝，怕霜冻，不耐严寒，生长最适温度为 25 ~ 30℃，在气温 -17℃时植株易冻死。适宜在土层深厚的沙质壤土地块栽种，黏土及碱性土不宜栽种。

三、生产栽培管理技术

1. 选地整地

选择背风向阳、土层深厚、疏松肥沃、排水良好的沙质壤土，不适宜选在地势低的低洼地和黏重地栽培。选好地后，亩施农家肥 3 000 kg、三元复合肥 100 kg、饼肥 10 kg 作基肥，或者农家肥 3 000 kg、尿素 15 kg、过磷酸钙 80 kg、硫酸钾 20 kg、饼肥 10 kg，禁用硝态氮肥。深翻 60 cm 以上（因牛膝的根可深入土中 60 ~ 100 cm，所以一般宜深翻），浇水，使表土层沉实，待稍干后，整平耙细，打埂做畦。按宽 1.8 ~ 2 m，长度依地而定做平畦。四周或田间开好排水沟，易积水的地方要制成高畦床，以利雨季及时排水。

2. 繁殖方法

主要用种子繁殖。种子分秋子（牛膝薹种植所产种子）、蔓薹子。蔓薹子又分为秋蔓薹子（秋子种植所产种子）、老蔓薹子。

当年种植的牛膝所产的种子质量差、发芽率低，因此种植牛膝一般使用秋子和秋蔓薹子。秋子发芽率高，不易出现徒长现象，且主根粗长均匀、分枝少、产量高，品质较好。

（1）良种繁育

秋子繁育　采挖时，挑选根直长、粗细均匀、芦头处芽多且饱满的鲜牛膝，取上部 20 ~ 25 cm 长的部分作为牛膝薹，用细沙封埋过冬。选土地肥沃、地势高燥的地块作繁种田，于秋末冬初翻耕，耙平即可。在繁种田中按行距 60 cm、株距 60 cm 开穴，穴深 30 cm、直径 30 cm，每穴施农家肥 2 kg。将牛膝薹起出，挑选无腐烂点的牛膝薹植入穴中，用土封严，压实浇水即可。6 月中下旬每亩施 20 kg 尿素。9 月下旬种子由青变黄褐色时采种，晒干，备用。割掉种子穗，打种，去杂，晒干，即为秋子。将秋子装于布袋内，放置于阴凉干燥处保存，待用。

秋蔓薹子繁育 10 月下旬在用秋子种植的牛膝田中，采集饱满的种子，去杂，晒干，即为秋蔓薹子。将秋蔓薹子装于布袋内，贮存于阴凉干燥处。

（2）晒种、浸种

晒种 播前应晒种 1～2 天。晒种时，注意不能将种子摊得太薄，以防晒伤。每隔 2～3 小时翻动 1 次，使种子受热均匀。播种前晒种能促进药材种子后熟，增强种子活力，能杀死种子内外所带病菌，防止病害传播。

温汤浸种 将晒好的种子浸泡在 20～25℃的温水中，浸泡 12～24 小时后捞出沥干，覆盖湿布，保持湿润。待 50% 的种子萌芽后，取出拌草木灰播种。温汤浸种可以使种皮通透性增强，促使种子快速萌发。

（3）播种

播期 牛膝种植一般选用质量好、产量高的秋子下种。秋子在 7 月中旬播种产量较高，秋蔓薹子应在 7 月下旬播种。过早播种，植株生长快，容易出现徒长，开花结果早而多，但根部短且分枝多，靠近地面 7～10 cm 的茎呈现木质化，品质差；过迟播种，植株生长期短，矮小，根细而短，产量低。适当延迟播种，可减少抽薹。

播种方式 常采用条播或撒播。

条播：播时顺畦按行距 20 cm 开 1.5～2.5 cm 浅沟，将种子均匀撒入沟内，覆土 1～2 cm，轻轻镇压（用大锄推土覆盖，使土壤坚实，种子与土壤紧密接触）。播后土壤保持一定湿度，4～5 天即可出苗。若天热土壤干旱，可浇小水保墒。每亩用种 1 kg。

撒播：先将畦面耧平，种子与细沙按 1∶4 的比例拌匀，分 3 次均匀撒入田间，石磙镇压即可。整畦播种时，每亩用吡虫啉（有效成分）23 g 或 50% 辛硫磷 500 mL 拌毒土撒施，防治地下害虫。石磙镇压后浇水 1 次，保持地皮湿润。每亩用种 1.5 kg。

3. 田间管理

（1）中耕除草

在牛膝的整个生长发育期内，一般要进行 3 次中耕除草。齐苗后，可进行中耕松土，同时结合松土进行除草。松土宜浅不宜深，千万不要伤及幼苗的根部。定苗后，植株进入生长期，这一时期要适时中耕松土除草，中耕宜在土壤干湿度适中的时候进行。9 月初，可进行第三次除草。

（2）间苗、定苗

苗高 5 ~ 7 cm 时进行间苗，剔除过高或过低的苗和病苗，苗距为 6 ~ 7 cm；当苗高 15 ~ 20 cm 时，按株距 10 ~ 15 cm 定苗。

（3）浇、排水

牛膝在生长前期不需要过多水分。此期应控制浇水（宜旱不宜湿），促使主根下扎，以利于根部生长。因此，从苗期到 8 月上旬，一般不需要浇水，即便浇水，浇水量要小，保持地表松干、下层湿润，以利于主根向下伸长。8 月上旬以后，主根不再伸长，进入快速膨大期，浇水量可大些，但也不宜多。此期应保持土壤见干见湿，以促进主根发育粗壮。但若土壤湿度过大，易引起植株徒长，从而不利于根部生长，即"光长秧，不长根"。

牛膝怕涝，雨季应注意及时排水松土，防治地下根积水腐烂。

（4）肥水管理

早期防旺长，宜控不宜旺；后期促根系生长，控氮促磷促钾。当苗高 30 cm 时，若苗弱，可视苗情追施稀人粪尿。在牛膝生长期间，为促进根茎生长，应该增施根肥（磷、钾肥）；苗高 30 ~ 50 cm 时，每亩追施尿素 60 kg、过磷酸钙 30 kg 和硫酸钾 30 kg。

牛膝追肥应分期进行，最好在雨天进行，或者随浇水进行。

（5）摘花薹

植株开花结果会消耗大量养分，原本应贮存到根部的养分被过度消耗，使根部因得不到足够的营养而木质化，从而使得植株质量降低，甚至无法药用。因此，当植株抽薹时，除留种植株外，要及时摘除或者割去抽薹部分（顶生花序），使养分能集中于根部生长，促进根部发育。

4. 病虫害防治

白锈病 危害茎叶。感染真菌初期，叶面出现淡黄绿色斑块，相应背面长出色疱状突起，直径 1～2 mm，表皮破裂后散出白色有光泽黏滑性粉状物。患病的植物茎部往往肿大扭曲。通常在低温高湿条件下病害加重。在发病初期，可使用58%甲霜灵锰锌可湿性粉剂500倍液、90%乙膦铝可湿性粉剂500倍液、64%杀毒矾600倍液、15%三唑酮1 000倍液、80%新万生1 000倍液等交替喷洒防治。在多雨季节，应及时疏沟排水。收获时，收集病残体集中烧毁，减少越冬菌源。

叶斑病 又称细菌性黑斑病，主要危害叶片和叶柄。染病初期，在叶面上生有许多水渍状暗绿色圆形至多角形小斑点，后来逐渐扩大，叶片呈褐色至黑褐色坏死干枯。发病前可用1∶1∶120的波尔多液喷洒预防；发病初期，喷洒30%的绿得保悬浮剂400倍液，或1∶1∶100的波尔多液，或77%的可杀得可湿性粉剂500倍液，或60%的琥胶肥酸铜可湿性粉剂500倍液，或50%多菌灵500倍液，或70%甲基硫菌灵800倍液，每7～10天喷洒1次，连续喷洒2～3次；尽量去除病叶，减少菌源。雨季应及时排水，降低田间湿度，保持通风透光。

枯萎病 主茎基部分枝处发病，病斑褐色，严重时病斑环绕茎秆，造成病斑以上部位枯萎死亡。可与禾本科作物轮作，但严禁与山药、花生等易发生线虫病的作物连作或轮作；在整地时进行土壤消毒，每亩用50%辛硫磷，加10倍于它的水后，喷于25～30 kg细土上拌匀成毒土，撒施后翻耕；彻底清除病残体，集中烧毁。

甜菜夜蛾、银纹夜蛾 甜菜夜蛾初孵幼虫群集叶背，吐丝结网，在其内取食叶肉，留下表皮，叶片吃成孔洞或缺刻，严重时仅余叶脉和叶柄，造成幼苗死亡。银纹夜蛾是一种杂食性害虫，取食嫩芽、嫩叶、花蕾等植株幼嫩部分，如果不及时防治，常造成植株卷叶枯萎。多发生在5～6月。

二者防治方法相同，即采用黑光灯诱杀成虫。各代成虫盛发期，用杨树枝扎把诱蛾，消灭成虫，或用性引诱剂诱杀成虫；清除杂草，消灭夜蛾的中间寄主，减少代际虫源；使用高效Bt可湿性粉剂1 000倍喷雾，每7～10天喷施1

次，连喷 2 次；在低龄幼虫发生时使用 10% 溴虫腈喷雾防治，每 14 天喷施 1 次，连喷 2 次；选择 20% 虫酰肼，或 5% 氟铃脲，或 25% 灭幼脲 1000 倍液，或 5% 氟虫脲 1 000 ~ 2 000 倍液喷雾，分别间隔 10 天、7 天、10 天、10 天，连续喷洒 2 ~ 3 次。

豆芫菁 用 40% 辛硫磷 1 000 倍液与 5% 氯氰菊酯 160 倍液混合喷雾。

红蜘蛛 用 20% 灭扫利乳油 2 000 倍液喷杀。可兼治尺蠖、盲蝽。

四、采收加工

1. 采收

常于 10 月中下旬至 11 月初牛膝茎叶枯萎时采挖根茎。先从地头开深沟，沟宽 50 ~ 60 cm、深 40 ~ 60 cm，然后顺沟逐渐向棵根处刨挖，根条露出后，尽量不要弄断根条，将根完整刨出，以免影响牛膝药材质量。此时期收获的牛膝质坚、色好、产量高。

2. 加工

采挖后，轻轻去净泥土，去掉地上部分及须根，按粗细、大小分成堆，用稻草将分好堆的牛膝分别捆扎成小捆，悬挂于向阳处晾晒。晾晒至七成干，取回盖席闷 2 天再晒，直至干燥。干燥后，切去芦头即为毛牛膝。在牛膝水分损失 50% ~ 60% 前，注意夜间防冻，晒时避免雨淋。毛牛膝淋雨后根变紫发黑，严重影响品质。

为防止霉变和虫蛀，将蘸水回软后的毛牛膝，堆积在硫黄熏蒸架上，密封，用硫黄熏蒸 5 ~ 6 小时，每 100 kg 毛牛膝用硫黄 0.5 ~ 1.5 kg。将熏蒸过的毛牛膝削去芦头，留 1 ~ 2 cm 梗，周围用刀削光滑，重新捆扎成把，每把 0.5 kg，平摊于簸箕上晾晒至干即成商品。

一般亩产干品 300 kg 左右。

可将牛膝贮存于干燥容器内，置阴凉干燥处，防潮，防蛀。

五、品质鉴定

根呈细长圆柱形，挺直或稍弯曲，长 15 ~ 70 cm，直径 0.4 ~ 1 cm，上端稍粗，下端较细。表面灰黄色或淡棕色，具细微纵皱纹、排列稀疏的侧根痕和细小横长皮孔突起。质硬而脆（受潮后变软），易折断，断面平坦，黄棕色，微呈角质样，中心维管束木部较大，黄白色，其外围散有多数点状维管束，继续排列成 2 ~ 4 轮。气微，味微甜而稍苦涩。以条长根粗、皮细肉肥、色黄白者为佳。

六、药材应用

牛膝味微甜而稍苦涩、性平，归肝经、肾经，有补肝肾、强筋骨、逐瘀通经、引血下行的功效。生用活血通经，治产后腹痛、月经不调、闭经、鼻衄、虚火牙痛、脚气水肿；熟用补肝肾、强腰膝，治腰膝酸痛、肝肾亏虚、跌打瘀痛。兽医常用牛膝治牛软脚症、跌伤断骨等。

现代医学研究发现，牛膝有强心、消炎、利尿等作用，并能治疗急性黄疸型肝炎。此外，牛膝尚有抗炎、镇痛、提高机体免疫功能、抗病毒、抗肿瘤等作用。

七、炮制方法

牛膝段　取原药材，除去杂质，洗净润透，除去芦头，切段，晒干。

酒牛膝　取牛膝段，加黄酒拌匀，闷润至透，置锅内，用文火加热，炒干，取出放凉。每 100 kg 牛膝，用黄酒 10 kg。

盐牛膝　取牛膝段，加盐水拌匀，闷润至透，置锅内，用文火加热，炒干，取出放凉。每 100 kg 牛膝，用盐 2 kg。

八、使用方法

研末含漱，可治疗牙痛；煎服或泡酒，可治疗口舌疮烂；还可用于食疗。活血通经、利水通淋、引火（血）下行宜生用；补肝肾、强筋骨宜酒炙用。

【示例】牛膝丝瓜汤

原料：丝瓜 300 g，牛膝 20 g，猪肉（瘦）50 g，淀粉（玉米）25 g，鸡蛋清 30 g，料酒 10 g，酱油 6 g，姜 5 g，大葱 10 g，盐 2 g，植物油 25 g，水 1800 mL。

做法：将牛膝去杂质，润透后切成 3 cm 长的段；丝瓜洗净后切去皮，切成 3 cm 见方的片；猪肉洗净，切成 3 cm 见方的片，然后倒入鸡蛋清，放入淀粉、酱油、料酒抓匀；姜切成丝，葱切成段。将炒锅置武火上烧热，加入植物油，待油烧至六成热时，下入姜丝、葱段爆香；再加入 1 800 mL 水，置武火上烧沸；然后放入丝瓜、肉片、牛膝煮熟，加入盐即成。

该品有利尿消肿、补肝肾、清热解毒化痰的功效，同时对于热性疾病有改善的作用，很适合患高血压的人食用。

九、使用禁忌

脾虚泄泻、梦遗滑精、月经过多及孕妇禁服。牛膝含钾量较高，不宜与强心苷类药物同用，以免引起血钾过高，降低强心苷类药物的疗效。忌与牛肉同食。

连翘

一、概述

连翘，又名连苕、黄寿丹等，木樨科连翘属落叶灌木，以果实入药。因“其实似莲作房，翘出众草，故名”。其味微苦、性凉寒，有清热解毒、散结消肿、疏散风热的功效，在临床和医药中应用广泛，是中医常用药、多用药。主产于河南、河北、山西、陕西、山东、安徽、四川。连翘市场需求量很大，价格稳定，且已出口至日本、韩国及东南亚等国家。其果、叶、花已开发为保健茶等系列保健品。我国的连翘“品质好、产量大”，是一个可以带动乡村经济发展的好项目。

二、生物学特性

1. 生物学特征

连翘，落叶灌木，枝条细长，开展或下垂，棕色、棕褐色或淡黄褐色；小枝略呈四棱形，节间中空无髓，节部具实心髓。单叶对生，具柄；叶片卵形、宽卵形或椭圆状卵形，边缘除基部外有不整齐的粗锯齿。先叶开花，花通常单生或 2 至数朵着生于叶腋，具花梗；花萼绿色，4 深裂，裂片长椭圆形；花冠金黄色，4 裂，花冠管内有橘红色条纹；雄蕊 2 枚，着生于花冠筒的基部，花丝极短；花柱细长，柱头 2 裂。蒴果木质，卵球形、卵状椭圆形或长椭圆形，先端喙状渐尖，有明显皮孔，长约 2 cm，成熟 2 裂。种子多数，有翅。花期 3 ~ 4 月，果期 7 ~ 9 月。

连翘

2. 生态习性

连翘喜光，喜温暖湿润气候，耐寒耐旱，怕涝，耐瘠薄，适应能力强，对土壤条件要求不高。它在阳光不足的地方茎叶生长旺盛，但结果少。野生连翘多生于山坡灌丛、林下、草丛中，或山谷、山沟疏林中，其根系发达，生长发育能力强，每年从基部生出大量枝条。早春先叶开花，香气淡，花期长，是早春优良观花灌木和切花花材，现多用作观赏栽培。

三、生产栽培管理技术

1. 选地整地

连翘适应能力强，较耐寒，栽后非常容易成活，但光照不足时结果少。鉴于此，作为药材种植时，为了多结果，宜选择在土壤肥沃、光照良好、排水性好的土块种植连翘。

2. 繁殖方法

可种子繁殖、分株繁殖、插条繁殖和压条繁殖。

（1）种子繁殖

春秋两季播种都可以，春季播种在 3 月底至 4 月上旬，秋季播种在 9 ~ 10

月。种子繁殖最好采取大田遮阴育苗，每亩需种子 20 ~ 30 kg。播前将种子在 50℃ 的温水中浸泡 10 ~ 12 小时，取出晾干后播种。播时按行距 30 cm 左右开浅沟，播后覆土 1 ~ 2 cm，再盖草保持土壤湿润。苗高 15 ~ 20 cm 时，按株距 10 cm 间苗、定苗，并追施人畜粪水，当年苗子都能生长 40 ~ 60 cm，第二年则完全木质化，当年秋季或第二年早春均可进行大田移栽。

（2）分株繁殖

秋季落叶后至春季萌芽前进行。将整棵植株刨出，连根带棵进行切分，在切根的时候，必须让分出的每一棵小株上都带有须根，以保障分株移栽后快速成活，一般一棵植株能分栽 3 ~ 5 株。

（3）插条繁殖

每年 7 月间，选择当年生连翘枝条的中下部半木质化枝条，剪成长 15 cm 左右的插穗，上端距芽（节）1 cm 平剪、下端截口距节 1 cm 处斜剪成马蹄形，插穗长一般 2 ~ 3 节，只留上部 2 ~ 3 片叶，其余叶摘除。扦插时先用铁棍或竹、木棍按株行距 5 cm × 15 cm 插孔（避免挫伤插穗截口，影响愈合和根系分化），然后将插穗下部（靠近根部）插入苗床，插穗露出 1 ~ 2 节即可。插后立即灌水。不可喷灌，因为连翘枝条是空心状，顶端积水容易腐烂。保持苗床湿润，10 ~ 15 天即可萌动生根。连翘苗期生长很快，一般当年新苗高度都在 40 ~ 50 cm，第二年即可大田定植。

（4）压条繁殖

春季将植株下垂枝条压低并埋入土中 3 ~ 4 cm，然后灌水保湿，第二年春天剪断，定植。

3. 大田移栽

连翘为异花授粉植物。连翘的花芽全部在一年生以上的枝条分化着生。连翘花有两种：一种花柱长，称长花柱花；一种花柱短，称短花柱花。这两种不同类型的花生长在不同植株上。花柱长短的差异在连翘异交传粉授粉过程中有特殊的作用，但也会造成连翘产果率低。因此，为解决连翘同株（同型花）自花不育问题，在移栽时要注意将长花柱型连翘和短花柱型连翘交叉栽植，使两种连翘前后左右错开，从而提高结果率。

特别提示：长花柱型连翘和短花柱型连翘在外形上不易区分，为适应生产需要，可以在花期注意观察比较，将其分别标注，建立对比档案，以方便分株繁殖和大田移栽时交叉定植。

移栽时按株行距 1 m × 1.7 m 开穴，施少量腐熟堆肥或厩肥，栽时使根自然舒展，回填穴土压实。连翘很容易成活，但必须浇足定根水。

研究表明，短花柱型连翘花粉发芽率较高，长花柱型连翘花粉发芽率较低。两种连翘花粉均在 15% 蔗糖加 400 mg/L 硼酸的培养基上萌发率最高，花粉管长度最长。因此，在连翘盛花期时喷施 15% 蔗糖加 400 mg/L 硼酸溶液能够有效地提高坐果率。

4. 整形修剪

定植后，在连翘幼树高达 1 m 左右时，于冬季落叶后，在离地面 70 ~ 80 cm 处剪去顶梢。夏季通过摘心，促使多发分枝。秋季在不同的方向上，选择 3 ~ 4 个发育充实的侧枝，培育成为主枝。第二年在每个主枝上再选留不同侧向壮枝 3 ~ 4 个，培育成为副主枝。通过几年的修剪整形，使其枝条向周围成球状均匀分布，形成低干矮冠、内空外圆、通风透光、小枝疏朗、提早结果的自然树型。

修剪分生长期修剪和休眠期修剪两种。

生长期修剪主要指夏季修剪。修剪时间一般在春末夏初春梢停止生长前。修剪目的是为了调节营养生长与生殖生长之间的矛盾；以促发侧枝，培养结果枝组；促进花芽分化，进而为第二年的丰产奠定基础。主要方法是对新梢进行摘心，抹除根部萌蘖，以促侧枝，促花芽。

连翘新生枝条不能落地，每年开花后生长期适当进行疏剪、短截，7 ~ 8 月连翘采收季节，将新生过长枝条上半部剪去，新发秋枝第二年会现花蕾。新生秋枝越多种子产量越高。新梢如果不进行摘心处理，会无效消耗大量营养，造成徒长；不分化花芽，不结果，无产量；不分生侧枝，没有结果空间。如果放任不管，上部分生出少量枝条，造成中空，结果部位外移，继而造成弱芽、隐芽。弱芽会削弱树势，不美观；隐芽又难以激发，消耗养分，会影响 1 ~ 2 年的产量。

休眠期修剪主要指冬季修剪。修剪时间一般在立冬后至早春连翘萌动前。

修剪目的主要是为了培养丰产稳产的良好树形。冬季修剪以疏剪为主，短截为辅。主要方法包括中短截徒长枝，促发侧枝；剪除过密枝，通风透光；疏除根蘖苗，减少竞争；剪除病虫害感染枝。对已经开花结果多年、开始衰老的结果枝群，则要进行重短截，即剪去枝条的2/3，促使剪口以下抽生壮枝，恢复树势。剪除同时注意根部施肥。在株旁开沟，适量追施堆肥、厩肥、过磷酸钙等，施后覆土。

5. 田间管理

苗期要经常松土除草，少施勤施薄肥，可直接将水肥泼洒株行上，也可在行间开沟施入。

定植后每年冬季中耕除草1次，铲除连翘植株周围的杂草或用手拔除株间杂草，以防争水、争光、争肥。结合冬耕松土除草施入腐熟厩肥、饼肥或土杂肥，用量为幼树每株2 kg，结果树每株10 kg，在连翘株旁挖穴或开沟施入，施后覆土，壅根培土，以促进幼树生长健壮，早开花多结果。

待4～5年成园后，每年冬季结合中耕修剪将园区内的病杂清理干净，确保连翘田间通风透光，减少病虫害，利于果实成熟与提高产量，也便于采收。在连翘树修剪后，每株施入草木灰2 kg、过磷酸钙200 g、饼肥250 g、尿素100 g，于树冠下开环状沟施入，施后盖土、培土保墒。有条件的地方，春季开花前可增加施肥1次。

连翘耐寒耐旱怕涝，旱季有条件应及时沟灌浇水，雨季必须提前开沟，排水防积，以免烂根死棵。

连翘一般定植3～4年后开花结实，5年进入盛果期。亩产在150 kg左右，逐年增产。

特别提示：在连翘开花前、幼果期、果实膨大期喷洒菜果壮蒂灵，每15 kg液体中加入菜果壮蒂灵胶囊1粒，能有效提高连翘品质与产量。

6. 病虫害防治

叶斑病 系半知菌类真菌侵染所致。病菌首先侵染叶缘，随后逐渐向叶中部发展，病健部区分明显，后期整个叶片枯萎甚至整株枯死。常于5月中下旬开始发病，7～8月为发病高峰，高温、高湿天气及密不通风利于病害传播。

可于发病初期喷施75%百菌清可湿性粉剂1 200倍液或50%多菌灵可湿性粉剂800倍液进行防治，每10天1次，连续喷3～4次。雨季前注意修剪，疏除冗杂枝和过密枝，保持田间通风透光；加强水肥管理，注意营养平衡，不可偏施氮肥，培育健壮植株。

叶蝉 喷洒10%吡虫啉可湿性颗粒2 000倍液或25%悬浮剂溴虫腈除尽1 000倍液防治。

叶象 成虫期用3%高渗苯氧威乳油3 000倍液喷雾防治。

夜蛾 幼虫期用20%康福多浓可溶剂3 000倍液喷雾防治。

松栎毛虫 幼龄幼虫期用3%高渗苯氧威乳油3 000倍液喷雾防治。

白须绒天蛾 危害严重时用1.2%烟参碱1 000倍液喷雾防治。

介壳虫 在若虫孵化盛期喷洒95%蚧螨灵乳剂400倍液，或20%速克灭乳油1 000倍液。喷药防治只在卵孵化期有效，因此要注意观察卵孵化盛期，发现若虫（幼虫），应立即喷药，过期则无效。

四、采收加工

连翘在药用上分青翘和老翘两种。秋季果实初熟尚带绿色时采收，煮熟或者蒸熟后晒干，称青翘；果实熟透时采收，晒干，称老翘或黄翘。

初熟的果实一般在9月上旬（白露节气前）采收。初熟的果实果皮呈青色，置沸水中稍煮片刻（20～30分钟），或放蒸笼内蒸约30分钟（煮熟或蒸熟），取出晒干即成青翘。

熟透的果实一般在10月上旬（寒露节气前）果实变黄、果壳裂开时采收。去除杂质，直接晒干即成老翘。筛取籽实即为“连翘心”（种子），药用或留种用。

特别提示：初熟的果实采收严禁过青抢采。果皮变硬尚青、剥开籽实充实可采，果皮青嫩、籽不实者可待熟透后再采摘。过青抢采不仅影响产量，而且影响连翘质量与药用品质。采摘不要损伤母树，不捋伤叶片。要及时杀青（蒸煮），及时制干，晒干或烘干。

置于通风干燥处，防潮防霉防虫。

五、品质鉴定

连翘果实长卵形至卵形，稍扁，长 1.5 ~ 2.5 cm，直径 0.5 ~ 1.3 cm。青翘多不开裂，表面绿褐色，有不规则纵皱纹及少数凸起的灰白色瘤点（瘤点较少），两面各有一条明显的纵沟，顶端锐尖，质硬，基部多具果柄；内有种子多数，黄绿色，细长，披针形，微弯曲，一侧有窄翅。老翘多自先端开裂，略向外反曲或裂成两瓣，果瓣外表面黄棕色，有不规则纵皱纹及多数凸起的淡黄色瘤点，中央有一条纵凹沟；内表面多浅黄棕色，平滑，略带光泽，中央具一条纵隔；质脆，断面平坦，基部有小果梗或其断痕；种子棕色，多已脱落。气微香，味苦。青翘以色绿、不开裂者为佳，老翘以色黄、瓣大、壳厚、无种子者为佳。

六、药材应用

连翘味苦、性微寒，归肺经、心经、小肠经，有清热解毒、消肿散结的功效，属清热药下属分类的清热解毒药。常用于治疗疮痈肿毒，风热外感，温病初起，热淋涩痛。连翘根下热气，益阴精，令人面悦好，明目。

现代医学研究证明，连翘有广谱抗菌、抗病毒作用，可抑制伤寒杆菌、副伤寒杆菌、大肠杆菌、痢疾杆菌、白喉杆菌及霍乱弧菌、葡萄球菌、链球菌等。此外，连翘还有抗微生物，抑制磷酸二酯酶、脂氧酶作用，镇吐，抗肝损伤，抗炎，抑制弹性蛋白酶活性，降低自发性高血压等作用。

七、炮制方法

连翘 取原药材，除去杂质及果柄，清水洗净，晒干。筛去脱落的心及灰屑。

朱连翘 取净连翘，用水喷湿后置容器内，撒朱砂粉拌匀，取出晾干。

每 100 kg 连翘，用朱砂粉 2 kg。

八、使用方法

煎服，也可用于食疗。

【示例】黄菊花连翘汤

原料：黄菊花 12 g，莲翘 12 g，生甘草 5 g，水适量。

做法：将以上中药材共煮开 20 分钟即可饮用。

该品对幼儿初期脑膜炎有非常好的效果，一般用于医治结核性脑膜炎等症。

九、使用禁忌

脾胃虚弱，虚寒阴疽者禁用。气虚、阴虚发热及脾胃虚热者慎服。脾胃虚寒及气虚脓清者不宜用。

山茱萸

一、概述

山茱萸，又名山萸肉、鸡足、药枣等，山茱萸科山茱萸属多年生落叶乔木或灌木，以果肉入药，为收敛性强壮药，有滋补肝肾、涩精止汗的功效。主产于浙江、安徽、河南、陕西等地。山茱萸为常用名贵中药材，药用价值大，应用广泛，是“六味地黄丸”“旧芍地黄丸”“杞菊地黄丸”和“明目地黄丸”等药的主用药材。此外，山茱萸还可加工成饮料、果酱、蜜饯及罐头等多种食品。山茱萸先开花后萌叶，秋季红果绯红欲滴，为秋冬季观果佳品，可在庭园、花坛内单植或片植，观感很好。盆栽山茱萸观果期可达 3 个月，在花卉市场十分畅销。山茱萸市场需求量大，但因为海拔限制，产量有限，发展前景广阔。

二、生物学特性

1. 生物学特征

山茱萸，山茱萸科山茱萸属多年生落叶灌木或乔木，高 4~10 m。树皮淡褐色，易成薄片剥落，枝条灰棕色。叶对生，卵形至椭圆形，稀卵状披针形，长 5～12 cm，顶端渐尖，基部楔形或近于圆形，侧脉 6～7 对，弓形内弯。伞形花序生于枝侧，有总苞片 4，卵形，厚纸质至革质，长约 8 mm，带紫色，两侧略被短柔毛，开花后脱落；总花梗粗壮，长约 2 mm；花小，两性，先叶开放；花萼裂片 4，阔三角形；花瓣 4，舌状披针形，黄色，向外反卷；雄蕊 4，与花瓣互生，长 1.8 mm，花药椭圆形，2 室；花盘垫状，无毛；子房下位，花托倒卵形，长约 1 mm，密被贴生疏柔毛，花柱圆柱形，长 1.5 mm，柱头截形；花梗纤细，长 0.5～1 cm，密被疏柔毛。核果椭圆形，成熟时红色至紫红色；核骨质，狭椭圆形，有几条不整齐的肋纹。花期 3～4 月，果期 9～10 月。

2. 生态习性

山茱萸为暖温带阳性树种，喜温暖湿润凉爽气候，生长适温为 20～30℃，超过 35℃则生长不良，抗寒性强，可耐短暂的 −18℃低温，但花期怕低温，早春花期若遇低温冻害，会影响产量。山茱萸喜光喜肥，又较耐阴，适应性强，一般土地都可种植，但对海拔高度反应敏感，一般分布在海拔 400～1 800 m 的区域，丰产适宜海拔在 600～1 300 m，昼夜温差越大品质越好。

三、生产栽培管理技术

1. 选地整地

选择肥沃深厚、地势比较平整、土质疏松、背风向阳、排水良好的沙质壤土。育苗地亩施厩肥 3 500～4 000 kg、过磷酸钙 50 kg，冬前深翻 30～40 cm，播前耙平整细，做成宽 1.2 m、宽 25 cm、高 25 cm 的畦待播种。定植地按行株距 3 m × 2 m 定株，穴深 60 cm、直径 80 cm，每穴施腐熟人畜粪或堆肥 150 kg，加适当熟土拌和，每穴栽 1 株，栽后压实，浇透水，水渗完后，将周围细土墙至根部踏实。

2. 繁殖方法

有种子繁殖、嫁接繁殖、压条繁殖和扦插繁殖等方法。生产上主要采用种子繁殖和嫁接繁殖。

（1）种子繁殖

选种 秋季果熟期，选择生长旺盛、优质高产的健壮母树摘取个大、色红的果实，晾至半干，挤出果核，阴干作种。

种子处理 山茱萸种子有休眠特性，且种皮厚而坚实，水分很难浸入，发芽极难，播前必须进行处理。

沙藏层积催芽法：冬季选向阳处挖长 2 m、宽 1 m、深 30 cm 的坑，坑底铺一层细沙，上放一层种子，再铺一层细沙。如此反复铺放三层种子，最上一层铺沙 5 cm 以上，坑口留 12～15 cm 深，上盖草毡撒土保墒。每坑可放种子 50 kg。第二年春，待 40%～50% 的种子裂口时即可播种。

腐蚀果皮法：先将洗衣粉和水按 1∶100 比例制成洗衣液，然后将种子倒入浸泡，种量以淹没种子为度，每天搅拌 2～3 次，连续浸泡 5 天以使外壳腐烂。5 天后捞出种子，用清水冲洗干净，拌草木灰播种。

播期 分春播和秋播两种，以春播为主。春播于 3 月下旬至 4 月上旬土壤解冻后，用层积处理的催芽种子播种。秋播于 10 下旬土壤封冻前，用腐蚀果皮法处理的鲜种子播种。

播种 条播或点播均可，通常采用条播法。在整好的苗床上，按行距 20～25 cm 开沟，沟深 3～5 cm，将种子按 10 cm 株距点播入沟内，覆土盖平，浇水，畦面盖草，保持湿润，30～50 天出苗。每亩播种 30～40 kg。

育苗 出苗前，经常揭草察看，保持土壤湿润，防止干旱板结；出苗后，在阴天或傍晚去掉盖草。幼苗期要经常拔草，松土，施稀薄粪肥，促进幼苗健壮生长；如有分蘖，应及时剪除；入冬前浇 1 次封冻水，在根部培施土杂肥，以保幼苗安全越冬。如水肥管理及时，一年生苗可长至 70 cm 以上。第二年春分节气前后即可移栽定植。

（2）嫁接繁殖

山茱萸实生苗，通常要 8～10 年才能结果，周期很长。嫁接苗 2～3 年便可开花结果。因此，采用嫁接苗栽植山茱萸可早获益。

砧木选择 砧木采用山茱萸实生苗，选择山茱萸产量高、果实大、果肉肥厚、生长健壮、一年生的枝条作接穗。

接穗　接穗要从产量高、生长健壮、无病虫害的优质母树上采集；要选取树冠外围发育充实、芽体饱满的一年生枝条。

嫁接方法　有芽接和枝接两种。芽接在7月中旬至8月中旬，此时接穗芽饱满，砧木树皮容易剥离。枝接在2~3月，此期砧木开始发芽，接穗芽刚刚萌动。各地可依据所在海拔高度，选择适宜枝接的时期。芽接采用“T”字形嫁接法，枝接采用切接法，要求接穗削面要平滑，接穗与砧木切口的一边形成层要对齐。一般芽接成活率80%，枝接成活率75%。

（3）压条繁殖

秋季收果后或者早春萌芽前，将近地面的2~3年生枝条弯曲至地面，将贴近地面处环割一圈，割深达木质部1/3，然后将环割部分埋入土中，上覆15 cm厚沙壤土，枝梢露出地面，勤浇水。第二年冬或第三年春将已长根的压条与母株分离即可移植。

（4）扦插繁殖

5月中下旬，在优良母株上剪取木质化枝条，剪成长15~20 cm的扦条，上部保留2~4片叶，在沙床上按行株距20 cm×8 cm扦插，插深12~16 cm，浇水盖薄膜保温，上搭荫棚遮光，经常浇水保湿，除草施肥，越冬前撤荫棚，第二年早春起苗定植。

3. 移栽定植

在冬季落叶后或春季发芽前移栽均可。大田栽植密度以4 m×4 m为宜，随着海拔的升高应逐渐减小，海拔越高行株距越小。山茱萸实生苗繁育难度大，繁育出的小苗定植后10年以上才能结果。

栽植前按深60 cm、直径80 cm挖穴，每穴施腐熟的农家肥20~30 kg。移栽定植宜选择阴天进行，带土球起苗，随起随运随栽，每穴1株，深度埋土至原栽土印上方2~3 cm为宜。栽植时主根及较粗大的侧根要舒展，分层填土踏实，栽后浇足定根水。此后根据土壤含水量，结合天气情况适时浇水，避免干旱，以保证苗木成活。

4. 田间管理

（1）中耕除草

定植后至封行前，每年于春、夏、秋季各松土除草 1 次，以保水肥供给，促进根系生长，迅速扩大树冠。此后每年都应进行中耕，但随着树冠扩大，可逐渐减少中耕次数。幼树秋季中耕除草可适当延后放在初冬，结合培土进行，以保证安全越冬。

（2）追肥

定植成活后，结合中耕除草，每年春秋季各施基肥 1 次，可根据树龄每株施入腐熟的厩肥或堆肥 10 ~ 50 kg 和过磷酸钙 1 ~ 3 kg，于树旁开环状沟施入。成年结果的树以 4 月中旬幼果期追肥最宜，以有机肥为主，每株施人尿粪 10 ~ 20 kg。3 月中旬盛花期喷赤霉素水溶液 2 次，3 月下旬至 4 月中旬生理坐果期喷 0.2% 硼酸、0.3% 尿素和 0.2% 磷酸二氢钾溶液进行根外追肥，交替喷施 3 ~ 4 次可防止落花、落果，提高坐果率。5 月上旬至6 月下旬增施过磷酸钙，或喷施 1% ~ 2% 过磷酸钙溶液 3 ~ 4 次，促进花芽分化，提高坐果率。秋季每株施入腐熟厩肥 20 ~ 30 kg 强化营养，保障树势。

（3）灌、排水

定植后当年应经常浇水，保持穴土湿润，确保成活。成株期或成年结果树每年应浇水灌溉 3 次，第一次在春季开花前，第二次在夏季果实灌浆期，第三次于冬前灌封冻水。夏季遇干旱，要及时灌水保苗、保花、保果，雨季应及时排除田间积水。

（4）整形修剪

幼树以整形为主，修剪为辅。此期应尽快培育主枝、副主枝等骨干枝，加速分枝，提高分枝级数，培养树冠，缓和树势，为结果高产丰产奠定基础。一般于定植后第二年或第三年定形，摘除顶芽，促使侧芽快速生长，积极培育大树冠。主要树形有自然开心形、疏散分层形、自由纺锤形等。

①自然开心形：主干高 40 ~ 60 cm, 不留中心主枝，四周不同方向均匀分布 3 ~ 5 个主枝，与主干呈 50° 夹角向外延伸，每个主枝上选留 2 ~ 4 个副主枝侧向均匀分布，其上形成结果枝。此形中心主枝弱，树冠低矮，通风透光好，采

收管理方便，适合大面积集中栽培。

操作方法：不保留中心主枝，在主干高 1 m 左右时，根据树势（枝条）在距基部 40 ~ 60 cm 处剪去主干，保留 3 ~ 5 个主枝向不同侧向均匀分布，将各主枝拉成 50° 外展角。第二年，在主枝上选留 2 ~ 4 个副主枝，向不同侧向错落分开，在副主枝上培育结果短枝。

②疏散分层形：主干高 60 ~ 80 cm，留中心主枝 1 个，其他主枝分 3 ~ 4 层着生在中心主枝（主干）上，各主枝上分别培养数个副主枝，再延伸出结果枝。此形主枝多，结果面积大，通风透光好，但是树冠较高，不便采收。

操作方法：幼树高 1 m 左右时，除去顶梢定干。不同方向均匀分布的健壮侧枝选留 3 ~ 4 枝作为第一层主枝培育，其余枝条从基部剪除。第二年在离第一层主枝 50 cm 左右适当位置选留 3 ~ 4 枝作第二层主枝。第三年在离第二层主枝 40 cm 左右适当位置选留 3 ~ 4 枝作第三层主枝，引导各层主枝向左右延伸出副主枝，在副主枝上培育结果短枝。

③自由纺锤形：保留主干，每株留 6 ~ 8 个主枝，主枝上直接着生结果枝组。此法主要用于芽接苗密植，运用春季刻芽，夏季摘心、环割，秋季用拉枝法促进早期结果。

操作方法：春季定干后，于萌芽前，从第三芽开始自上而下每隔 3 芽刻 1 芽，并及时抹除竞争芽和树干 30 cm 以下的无效芽。对选作骨干枝的新梢长至 50 cm 时摘心。当年对选留的骨干枝拉开基角至 80° 左右，其余枝条全部拉平。第二年，在拉平枝背上抽生的徒长枝长至 30 ~ 40 cm 时摘心，促发二次枝。5 月下旬开始，对树势旺盛的在主枝基部进行环割、环剥，环割深度应深达木质部，环剥宽度应为枝条直径的 1/15 ~ 1/10。第三年，对背上可利用的壮旺新梢留 7 ~ 9 片叶短截。每年对所发旺枝全部刻芽。

可结合实际情况选择树形定向培育。矮干树形侧枝多、成形早、冠径大，可提早结果，单株产量高，管理采果方便。矮干树形缩短了地上部与根系距离，利于水分养分的输导。在风大、气候多样、温度变化大的山区，采用矮干树形，有利于减轻风害和冻害。

（5）整枝修剪

因结果以短果枝为主（占 90%），所以整枝修剪以培育大量短果枝为目标。

幼树以疏剪（从基部剪除）为主，短截为辅。疏剪的枝条包括旺长枝、徒长枝、直立枝、过密枝以及纤细枝。但若疏除过多，会减少叶面积，影响果树生长，因此，对长势不好的树，应少疏枝、多留枝，以利积累养分，促进分枝发棵。留下的枝条顶端的顶芽通常能继续抽生中长枝，顶芽以下的各节腋芽一般多抽生中短枝。由于山茱萸长、中、短果枝均以顶端花芽结果为主，所以各类果枝不宜短截，尤其要注意辨别花芽和叶芽的外部形态特征（花芽饱满，叶芽瘦小），从而将结果枝与疏除枝区别开来。

成年树结果初期仍以整形为主，进入盛果期后则以修剪为主。随着产量的增加，树势渐渐变弱，抽生的生长枝减少，而花芽大量形成，如管理不当，极易出现“大小年”现象。此时，除增大施肥量满足大量结果需要外，还要充分运用修剪调节树体结果与生长之间的矛盾，更新结果枝群，防止出现“大小年”。

此期的生长枝，应以轻短截为主，疏除为辅。修剪时要尽量保留抽生的生长枝，可对它们进行轻短截，以促进分枝，其经过数年连续长放不剪，后部能形成多数结果枝群，以更新衰老的结果枝群。

随着顶枝不断向外延伸，以及后部结果枝群的大量结果，整个侧枝将逐渐衰老，具体表现为顶芽抽生的枝条变短、后面的结果枝群开始死亡。这时，应及时回缩侧枝，更新复壮。回缩的程度视侧枝的强弱而定，一般回缩到较强的分枝处。回缩之后，切口附近的短枝生长势转旺，整个侧枝开始向外延伸。此外，在花芽形成过多的年份，可适当剪去部分结果枝，以减轻树体负担，防止出现“大小年”和树势早衰。

整枝修剪主要于春秋两季进行，除拉枝、环剥、摘心外，还应注意对交接主枝的回缩和改向，以保持树冠内通风透光，保持强健的树势，培养更多的结果枝，调节好生长与结果的平衡关系。

5. 病虫害防治

灰色膏药病　主要危害枝干，一般随介壳虫侵染，当孢子附着在介壳虫分泌物上后就发育成菌丝膜开始侵染枝干。可用刀刮去菌丝膜，病枝上涂 5

波美度石硫合剂或20%的石灰乳剂；清除病残枝叶，清除病源；加强修剪管理，增强通透性；做好介壳虫防治，减少感染机会；发病初期喷1：1：100的波尔多液或40%多菌灵胶悬剂800倍液喷施防治，每隔10～15天喷1次，连喷2～3次。

白粉病 主要危害叶片。可用三唑酮1 000倍液喷洒防治。

炭疽病 主要危害叶片和果实。初期果皮现红色圆点，扩大后黑色凹陷成斑，使青果未熟先红变黑干枯。6月上旬开始发病，降水量大时侵染率高，9～10月为易发期。

从5月下旬开始，每隔半月喷洒1次1：2：200的波尔多液预防发病，或者于侵染期喷洒甲基硫菌灵1 000倍液，或者代森锌800倍液与50%退菌特可湿性粉剂500倍液交替使用。病期少施氮肥多施磷、钾肥，以增强树势，提高树体抗病力；清除病叶、病僵果，集中深埋或烧毁，减少侵染病源；冬季喷施5波美度石硫合剂消灭越冬病菌。

木撩尺蠖 该虫移动性强，具有食幼嫩特性，危害嫩芽、花蕾及叶片，会严重影响产量。可在5～8月虫蛹羽化期（河南7月中下旬为虫蛹羽化盛期）夜间堆火或用黑光灯诱杀；第一、二代幼虫可在成虫羽化高峰后10天（卵孵化高峰期）至25天（幼虫3龄前），用2.5%溴氰菊酯乳油、20%杀灭菊酯乳油、2.5%功夫乳油2 000倍液等化学药剂喷洒防治；第三代幼虫期因接近药材采收期，改用Bt乳剂500～700倍液或者杀螟杆菌、青虫菌喷洒防治。

蛀果蛾 幼虫蛀食果实。9月初始发，9月底至10月中旬为高发期，随果实成熟而加重，严重影响品质和产量。防治重点在控成虫控卵防幼。可在羽化盛期（8月中下旬至9月上旬）用2.5%鱼藤精乳油500～600倍液或2.5%溴氰菊酯3 500～5 000倍液或者20%杀灭菊酯2 000～3 000倍液灭杀，每7～10天喷1次，连喷2次。利用食醋加敌百虫制成毒饵诱杀成蛾，或者用糖醋液诱杀。果实采后及时加工，不宜放置过久。

大蓑蛾 6月中下旬幼虫孵化，随风吐丝扩散，取食叶肉，8～9月危害最重，高温干旱年份尤甚。可用黑光灯诱杀成虫，减少产卵；可放养蓑蛾瘤姬蜂等天敌，注意保护寄生蜂等天敌昆虫，如伞裙追寄蝇、蓑蛾疣姬蜂、大腿蜂、小蜂等。严重时喷洒每克含1亿活孢子的杀螟杆菌或青虫菌进行生物防治。在低龄幼虫盛期喷洒2.5%溴氰菊酯乳油4 000倍液。

四、采收加工

山茱萸定植4年后可开花结果，树龄10年乃至20年以下者产量较低，20~50年进入结果盛期，连续结果能达百年。

1. 采收

山茱萸果实一般在9月下旬至10月初成熟，当果皮由青色变为鲜红色时，即可采收。一般认为，经霜打后果实质量最佳，故生产上一般在霜降节气后树叶全落完、满树红色果子时采收。此期采收时第二年花蕾已形成，故采收时尽量避免碰落花蕾和折断树枝，以免影响第二年产量。

2. 加工

果实采收后去除枝梗和果柄，清洗干净。用文火烘或置沸水中略烫使山茱萸鲜果软化，一般置沸水中烫煮10~15分钟，或者上笼蒸5~10分钟，然后置冷水中冷却，捞出捏去种核。将加热软化后的果实用手挤去果核。挤出种子后，将果肉晒干或烘干。

山茱萸盛果期亩产干品150 kg左右。

置于干燥处，防霉，防蛀。

五、品质鉴定

山茱萸肉质果皮破裂皱缩，果肉呈不规则的片状或囊状，长约1.5 cm，宽约0.5 cm。新货表面为紫红色，陈货则多为紫黑色，有光泽。表面不平滑，有少数纵向脉纹，顶端可见圆形宿萼痕，基部有果柄痕。质柔润不易碎。气微，味酸涩、微苦。以皮肉肥厚柔软，色红油润者为上品。果肉以身干，油润，色紫红至紫黑，味酸涩，果核不超过3%，无杂质、虫蛀、霉变者为合格。

六、药材应用

山茱萸性微温、味酸涩，归肝经、肾经，有补益肝肾、涩精缩尿、敛汗固脱的功效。酸涩主收，温能助阳，故能补益肝肾、涩精、缩尿、止汗，用于腰膝酸痛、眩晕、耳鸣、阳痿、遗精、遗尿尿频、大汗虚脱、虚汗不止、妇女月经过多、崩漏带下、头晕目眩、视物昏花、耳聋耳鸣等症，久服明目强力。

现代医学研究发现，山茱萸含有多种苷，16 种氨基酸、5 种糖、6 种有机酸、23 种矿物元素和维生素 A、维生素 C 等成分。山茱萸中皂苷含量比人参、绞股蓝高 3～4 倍，具备人体必需的 8 种氨基酸，有增强机体免疫力、抗炎、抗衰老、抑菌等作用，对于腰膝酸痛、头晕耳鸣、健忘、遗精滑精、遗尿、尿频、崩漏带下、月经不调、大汗虚脱者有非常良好的疗效。此外，山茱萸还有抑制肿瘤细胞和防御紫外线的作用。近来临床试验发现山茱萸在抗癌、治疗心血管系统疾病等方面均有疗效。

山茱萸药材

七、炮制方法

酒山萸　取净山萸肉，用黄酒拌匀，置密闭容器内封严，放水锅中，隔水炖，炖至酒被吸尽，取出，晾干。每 100 kg 山萸肉，用黄酒 20～25 kg。

蒸山萸　取净山萸肉，放罐内或笼屉等容器内，放在加水的锅中，先用武火加热，待“圆气”后改用文火蒸至外表呈紫黑色，熄火后闷过夜，取出，晒干。

八、使用方法

煎汤，或入丸、散，还可用于食疗。

【示例 1】山萸肉粥

原料：山萸肉 15 g，粳米 60 g，水、白糖适量。

做法：先将山萸肉洗净，去核，与粳米同入砂锅煮粥，待粥将熟时，加入白糖，稍煮即成。

该品有补益肝肾，涩精敛汗的功效。

【示例 2】山茱萸牛肉汤

原料：牛肉 250 g，龙眼肉 10 g，黄芪 15 g，山茱萸 10 g，豆苗少许，水、酒、盐适量。

做法：将牛肉切片后置于水中煮，去除锅中泡沫和浮油，放入黄芪、山茱萸、龙眼肉煮至水减半即可。最后放入酒、盐调味，再配入豆苗，煮熟供食。

该品可用于治疗牙周病、气血不足。

九、使用禁忌

命门火炽，素有湿热、小便淋涩者禁用。

一、概述

山药，又名薯蓣、山蓣等，薯蓣科薯蓣属缠绕草质藤本植物，以块茎入药，具有补脾养胃、生津益肺、补肾涩精、益气养阴的功效，为常用中药材。分布于河南、安徽淮河以南、江苏、浙江、江西、福建、台湾、湖北、湖南、广东（中山牛头山）、贵州、云南北部（贡山、德钦和丽江）、四川、甘肃东部和陕西南部（350 ~ 1 500 m）等地。河南怀庆地区所产的山药质量最佳，称怀山药，为著名“四大怀药”（山药、牛膝、地黄、菊花）之一，药食两用。

二、生物学特性

1. 生物学特征

山药，缠绕草质藤本植物，地下根（块茎）长圆柱形或稍扁，垂直生长，略弯曲，长可达 1 m 以上。新鲜时断面白色，富黏性；干后白色粉质。茎通常带紫红色，无毛。单叶在茎下部互生，中部以上对生；叶片变异大，卵状三角形至宽卵状戟形，先端渐尖，基部深心形、宽心形，边缘常 3 浅裂至 3 深裂，幼苗时一般叶片为宽卵形或卵圆形，基部深心形。叶腋内常有珠芽（俗称山药豆、山药蛋等）。雌雄异株，花单性，穗状花序；雌花序 1 ~ 3 个着生于叶腋；雄花序长 2 ~ 8 cm，近直立，2 ~ 8 个着生于叶腋，偶尔呈圆锥状排列；花序轴呈“之”字形曲折；苞片和花被片有紫褐色斑点；雄花的外轮花瓣片宽卵形，内轮卵形；雄蕊 6。蒴果三棱状扁圆形或三棱状圆形，外面有白粉。种子着生于每室中轴中部，四周有膜质翅。花期 6 ~ 9 月，果期 7 ~ 11 月。

2. 生态习性

山药喜光，喜温，25 ~ 28℃为其生长最适温度，地下块茎在土温为 20 ~ 24℃时生长最快。山药亦耐阴，但根茎积累养分、块茎生长需强光。茎叶喜温怕霜，霜后地上部分枯萎，块茎于地下休眠，根茎耐旱耐寒。地下块茎及其休眠隐芽能抗 –15℃左右的露地冻害，块茎发芽要求土温 15℃左右。山药喜肥，尤其是有机肥，但不宜均衡撒施，应有针对性地进行沟施、穴施。土壤以沙质壤土最为好。

三、生产栽培管理技术

1. 选地整地

山药为深根作物，宜选择地势平坦，土层深厚，疏松肥沃，透气性强，排水良好、地下水位深（在 1 m 以下）、无“三废”污染的沙质壤土栽种。土壤酸碱度以中性最好，若土壤为酸性，山药易生支根和根瘤，影响根的产量和质量；若土壤为碱性，山药根部不能充分向下生长。低洼积水、土壤黏重的地不宜种植山药。山药不宜连作，一般间隔 3 ~ 5 年种 1 次。前茬以小麦、玉米等禾本科作物为宜。忌与线虫病和根腐病发生较重的作物轮作。

选好地后于冬前深翻晾晒，结合深耕施足基肥，每亩施腐熟农家肥 5 000 kg 以上、腐熟饼肥 100 kg、优质氮磷钾三元复合肥 100 kg。如果没有农家肥，每亩可施有机无机复混肥 150 kg、硫酸钾 50 kg、豆饼 50 kg，肥料施入距地表 25 ~ 30 cm 的耕作土层内。为预防地下害虫和土传病害，每亩用 1.1% 苦参碱粉剂 2 kg 拌土撒施，深翻，耙细，整平。起垄或做高畦、平畦，一般垄宽

40～50 cm，畦宽 1.5～2 m，畦长视地形而定。

种植山药要深松沟土，在此基础上培土起垄播种。松土培垄时间可根据播种面积和作业量而定，只要不耽误播种就行。垄的方向以南北向为宜。传统种植在前一年冬至前挖好种植沟。单沟单行种植，沟距 100 cm，沟宽 50 cm，深 0.6～1 m；单沟双行种植，沟距 120 cm，沟宽 60 cm，深 0.6～1 m。春季解冻后填土，每填 20～30 cm 要踏实后再填。结合填土施入少量腐熟有机肥，于沟上起垄待种。现在开沟起垄多采用机械，生产上有专门为种植山药而研制的小型农机自走式多功能山药挖沟松土机。

有的产地采用穴栽，即于种植前用木棍或铁钎打洞，洞口直径 2～5 cm，深 40～100 cm，洞内填细沙或谷壳待种。

2. 繁殖方法

主要用芦头和珠芽进行繁殖。

（1）芦头繁殖

芦头指山药块茎上端有芽的一节。每年 10 月在收获山药时，选择茎短粗壮、无分枝、无病虫害的山药，取长 15～25 cm 的芦头作种，于日光下晒 2～3 天，以使伤口愈合；或将芦头切成长 10～15 cm 段，切口蘸草木灰后置通风处晾 4～5 天，然后放入室内或于室外挖坑贮存（沙藏最好）。沙藏时，一层芦头一层稍湿润的沙，交替放 2～3 层，备用。坑的深度及盖土厚度以不使芦头受冻为度。保持湿润，温度控制在 5℃左右，贮存至第二年 4 月取出，在畦内按行距 30～45 cm、株距 18～20 cm，开沟栽种。栽用 3 年后必须用新珠芽繁殖，以防品种退化。

（2）珠芽繁殖

在收获山药时，剔除退化的长形珠芽，特别要筛去毛孔外凸以及破皮、有病虫害的珠芽，选择健壮饱满、毛孔稀疏且有光泽的留种。珠芽晾 2～3 天后，用湿沙或两合土埋于坑内，也可将珠芽与沙混合后放在室内竹篓里或木桶里贮存，室温控制在 5℃左右，做好防护措施以防冻伤。第二年 4 月中旬将前一年秋天采收的珠芽从坑中取出，稍晒后即可进行栽种。以行距 30 cm、株距 10～15 cm、沟深 6 cm 的标准开沟，将珠芽放入沟内，覆土 6 cm，1 个月左右便可出芽。

3. 栽种

（1）播前准备

一般在4月上中旬地温稳定在10℃以上时播种。播种前，将未发芽的芦头或珠芽用50%多菌灵500倍液浸种10分钟进行消毒，捞出晾干后即可播种。山药段作种栽培时，应于第二年春天播种前25～30天，选晴天用坚硬锋利的竹片将山药根茎切成长约20 cm、重约200 g的山药段，山药段的上端做好标记，断面浸70%代森锰锌超微粉5倍液5分钟后，放在室外晒种，晒至山药段皮层呈绿褐色待播。待土壤温度稳定超过10℃时播种。晒种时种段下铺草，将种段排成一层晾晒。若在水泥地上晒种，下边应铺较厚的稻草。晚上有露水时应加覆盖物以防山药段受潮，避免雨淋。

（2）开沟

播前将垄顶铲成20 cm宽的平面，在平面上正对着深沟上部开挖10 cm左右深的播种沟。

（3）消毒

用70%代森锰锌700倍液或50%多菌灵500倍液顺播种沟喷洒，消灭土壤病菌。为防治地下害虫和土传病害，每亩用2 kg的1.1%苦参碱粉剂，拌15～20 kg的细土，顺栽植沟撒施。

（4）栽种

芦头作种多采用垄作或平畦栽种，双行或单行栽种均可。单沟单行种植的于畦中央开深10 cm的沟，施少量种肥后，将芦头平放沟中，上端朝同一方向，株距15 cm，栽后覆土10 cm；单沟双行种植的于畦两侧各开一沟，将芦头呈“人”字形摆放于沟中，使芦头在沟中线的两旁，上端相对，相距3 cm。栽后覆粪土，稍加镇压，然后浇水或盖上一层草即可。亦可按行距20 cm、株距10 cm开沟点播，沟深8 cm。

珠芽作种多采用高畦或垄作栽种。高畦栽种的一般按行距25～30 cm开沟，沟深6～10 cm；垄作栽种的于垄上开浅沟。两法均按株距10 cm下2～3个珠芽，然后覆土，种后浇水或盖上一层草，使土壤保墒。

生长中后期可摘除部分珠芽，以利山药地下块茎生长。

4. 田间管理

（1）搭架整枝

山药是缠绕草质藤本植物，出苗后至苗高 20 ~ 30 cm 时，要及时搭架引蔓。扎架一般扎成“人”字形架、四角架等，选用 2 m 以上的竹竿或树枝做架材，架材入土深度 20 cm 左右，每株 1 支，架的交叉点距地面 1.5 m 左右，交叉点处捆绑牢固，将山药蔓茎引向支架。为提高支架的支撑力和抗风能力，可用架材将架顶连接起来。

搭架栽培，通风透光，病害发生少，可降低防治成本；便于集中施肥，通过增施磷、钾肥，减少氨肥用量来控制山药旺长，避免使用植物生物调节剂；不需摘除珠芽。

（2）抹芽

山药播种后，一般 20 ~ 30 天出苗，每株常萌生几个芽形成一株数蔓，为提高产量和质量，应及时抹芽间苗。每株山药保留一条主蔓（只能保留一条粗壮的主茎），其余茎蔓（侧枝）应及时抹除（择晴天进行以避免伤口感染），或者用 1.5% 的噻霉酮水乳剂 1 000 倍液和 50% 氯溴异氰尿酸可湿性粉剂 1 000 倍混合液灌根，防止伤口感染病菌。

（3）中耕除草

山药出苗后，根据苗情和草情进行中耕除草；封行后只能小心拔除，避免损伤和弄断茎蔓。中耕除草要结合培土，以免露出地下块茎。

（4）追肥

5 月底至 6 月初（山药封行前）每亩追氮磷钾三元复合肥 100 kg。追肥时先在垄边开一小沟将少部分肥料施入，再取两垄中间 8 ~ 10 cm 土覆盖小沟，用脚踏实；另一部分撒于垄间宽 30 cm 的条带，用锨翻入土中，上面拍平踩好。7 月下旬至 9 月上旬（山药进入块茎迅速膨大期）可在叶面喷洒 0.2% 磷酸二氢钾加腐殖酸液肥 500 倍液，每 7 ~ 10 天 1 次，连喷 2 ~ 3 次。雨前每亩撒施氮磷钾复合肥 15 ~ 25 kg，防止山药早衰。9 月中旬至霜降节气（山药进入枝叶衰老块茎充实期），管理的重点是防止藤蔓早衰和旺长。早衰田可在叶面喷施腐殖酸液肥 500 倍液 1 次，以延长藤蔓生长时间；旺长田可喷 40% 甲哌氯碱水剂 1 次。

（5）浇、排水

山药不耐旱又怕涝，生长前期需水较少，块茎生长盛期需水量大，土壤需保持湿润状态，不旱则不浇，遇旱需浇跑马水，排水沟内不能积水。遇雨涝要及时排水，不要让水渗入到种植沟内。

5. 病虫害防治

炭疽病 危害叶片和茎蔓，染病初期呈水浸状斑点，中间浅，呈灰白色至暗灰色，边缘深，呈深褐色；后病斑上生小黑点，扩大成黑色斑点，周围有黄色晕圈。持续高温高湿时病斑内会出现浅粉红色或土色黏状物，严重时病斑连成片，全株变黑枯死。

可在播种前用 50% 多菌灵可湿性粉剂 600 倍液浸种；出苗后喷洒 1∶1∶50 的波尔多液预防，每 10 天 1 次，连喷 2～3 次。发病初期用 58% 甲霜灵·锰锌可湿性粉剂 500 倍液、68% 金雷多米尔水分散粒剂 1 000 倍液、80% 炭疽福美可湿性粉剂 800 倍液、50% 翠贝干悬浮剂 3 000 倍液、70% 甲基硫菌灵可湿性粉剂 1 500 倍液、50% 异菌脲可湿性粉剂 1 000 倍液、50% 咪鲜胺锰盐可湿性粉剂 1 500 倍液、25% 火把可湿性粉剂 1 000 倍液等，与天达 2116 混配交替使用，7～10 天 1 次，连喷 2～3 次。喷后遇雨及时补喷，收获前 10 天停止用药。

褐斑病 又叫白涩病、斑纹病，危害叶片和蔓。一般植株的下部叶片先开始发病，发病初期病斑为黄色或黄白色，边缘不明显；后期呈不规则褐斑，病部稍凹陷，中间散生黑色小粒并略突出；严重时病斑融合，整个叶片枯黄。高温多雨季节多发易发，氮肥施用过多的田块发病严重。

播种时用 50% 多菌灵 600 倍液浸种，培育壮苗；发病初期选用 58% 甲霜灵·锰锌 600 倍液或 50% 翠贝 1 000 倍液交替进行叶面喷洒，每 7 天 1 次，连续 3～4 次，以控制病害扩散蔓延；加强田间管理，适时中耕除草、松土排渍，增施磷、钾肥，不偏施氮肥；收获后清除病残体并集中烧毁，深翻土壤，减少初侵染源。

褐腐病 发病部位为根茎。发病初期地上部叶片边沿出现黄色斑，后成黄褐干边。收获时根茎现腐环状不规则褐色斑，或出现畸形，稍有腐烂，病部发软，严重时会失去药用价值。

实行轮作可降低发病率；选用健壮无病种材，播前消毒处理；发病初期喷洒70% 甲基硫菌灵可湿性粉剂 1 000 倍液和 75% 百菌清可湿性粉剂 1 000 倍液，或50% 甲基硫菌灵 · 硫黄悬浮剂 800 倍液，10 天左右喷施 1 次，连续喷施 2 ~ 3 次。

立枯病 发病初期主要表现为茎基部出现梭形褐色斑块，病斑逐渐向四周扩展，导致茎基部表皮腐烂，上部叶片黄化脱落，藤蔓枯死，病茎内部变褐，块根染病会导致皮孔的四周产生圆形至不规则形褐色病斑。

实行轮作可降低发病率；选用健壮无病芦头，播种前用 70% 代森锰锌可湿性粉剂 1 000 倍液或者 50% 多菌灵可湿性粉剂 500 倍液浸泡 20 ~ 30 分钟后播种；进入高温多湿季节后，用 70% 代森锰锌可湿性粉剂 600 倍液、50% 杀菌王水溶性粉剂 1 000 倍液、50% 多菌灵可湿性粉剂 500 倍液，或 70% 甲基硫菌灵可湿性粉剂 800 倍液，或 40% 黄芪多糖注射液乳油 8 000 倍液、50%菌核净可湿性粉剂 500 倍液喷洒茎基部，每半月喷洒 1 次，雨后及时补喷。

病毒病 抽蔓后即可发现，叶脉坏疽，脉间黄化，叶片狭小或扭曲变形，所结块茎变小，严重影响产量。

种植脱毒品种是最基本和最有效的措施；5 月下旬至 6 月上旬喷洒 3.85%病毒必克 500 倍液进行控制，防治蚜虫及病毒病传播蔓延。

根结线虫病 会造成山药根茎组织黑褐色栓化坏死，是一种顽固的土传病害，不易根治。

实行轮作可降低发病率；加强检疫，严格禁止从病区引种，不用带病的山药种，杜绝人为传播；建立无病繁殖基地，做到统一繁殖、统一贮存、统一供种；挑选健壮无病芦头，并用 48% 毒死蜱 1 000 倍液浸种和苗期淋灌；高温消毒，在光照最充分、气温较高的 7 ~ 8 月对发病重的田块进行深翻，将吸光能力强的黑色塑料薄膜覆盖在潮湿的土壤上，让其充分暴晒 15 ~ 20 天，利用太阳能使地温上升到 50 ~ 60℃，利用热力杀死线虫、病原菌和杂草种子，同时也可促使土壤中有机质分解，提高土壤肥力；整地时每亩用 98% 必速灭颗粒剂 8 kg

对土壤进行处理；对生长期发病的植株，可用1.8%阿维菌素乳油4 000～6 000倍液根部穴浇，每株用100～200 mL；亩施每克含100亿活孢子的丰农牌线虫必克200 g拌种或撒施进行生物防治；或亩施每克含2.5亿个孢子的厚孢轮枝菌粉粒剂1.5～2 kg，于播种前均匀撒施于山药种植沟内。

蛴螬 施用充分腐熟的有机肥，减少虫源；用毒饵诱杀。把麦麸炒香，每亩用4～5 kg，加入90%敌百虫30倍水溶液150 mL，再加入适量的水拌匀即成毒饵。将毒饵于傍晚顺垄堆施或撒于田间。施撒毒饵前先灌水，效果更好。可用黑光灯或者性诱剂诱杀蛴螬成虫。

叶蜂 叶蜂发生初期，结合田间管理，利用叶蜂幼虫群集取食的特点进行捕杀。在幼虫盛发期，选用10%氯氰菌酯1 000倍液，或40%辛硫磷、90%杀虫单1 000倍液喷洒。

甜菜夜蛾 采用黑光灯或性诱剂诱杀成虫；各代成虫盛发期用杨树枝扎把诱蛾，晨起扑杀，消灭成虫。及时清除杂草，消灭杂草上的低龄幼虫。使用对天敌安全的仿生物农药，可轮换使用5%氟铃脲或25%灭幼脲1 000倍液喷洒，每次用药间隔10天左右。

四、采收加工

用芦头栽种的当年收获，用珠芽栽种的第二年收获。

1. 采收

10月底至11月，山药地上部茎叶枯萎后便可采收。应选晴天采收。采收时要先拆除山药支架，割去茎蔓，抖落茎蔓上的珠芽，集中收捡；接着从畦的一端开始，挖一条与山药根茎等深的沟，顺行将山药上层土剔除，找到块茎顶部后用特制的长柄铲从行间沿块茎向下深挖，待整个块茎露出后，用手握住块茎中上部，用铲子铲断其余细根，再小心提出。尽量保持块茎完整，避免碰伤和折断，保护好芦头。

山药的茎、枝、叶可能带多种病菌，收获后要将藤蔓和地上的落叶残枝清理干净，集中焚烧处理。

出售前，选择茎短、粗壮、无分枝、无病虫害、色泽正常、无伤疤的山药，掰下上端有芽的一节芦头单独存放到下年作种。要及时在芦头断面上沾生石灰或 70% 超微代森锰锌杀菌消毒，室外晾晒 4～5 天或室内通风处晾 1 周左右。块茎伤口愈合后，稍干燥后堆藏于室内。山药块茎贮存的适宜温度为 4～6℃，空气相对湿度为 80%～85%。黄淮地区霜冻来临前，可培土或用秸秆覆盖块茎，以保证块茎安全越冬。

2. 加工

洗净泥土，刮去外皮，晒干或烘干，即为毛山药。选择粗大、顺直的毛山药，用清水浸匀，加微热，并用棉被盖好，保持湿润，闷透，然后放在木板上搓揉成圆柱状，将两头切齐，晒干打光，即为光山药。各地加工方法差异较大，下述方法为河南地区常用加工方法。

毛山药 将折下芦头的鲜山药刮去外皮，放入篓内用硫黄熏，每 100 kg 山药用硫黄 1 kg，熏 4～5 小时，至山药全部出现水珠。把篓放在垫木上，让山药自身闷压出水。在闷压过程中要把篓上层的山药倒于另一个篓下面，篓下层的山药倒于篓上面，使篓上下内外的山药都闷透，反复几次，以山药软如绵为度，否则要再熏。闷好后取出日晒，粗大的山药不能一次晒干，否则易空心，应在晒至半干时移回室内闷一夜，再移出晾晒，此后要多闷少晒，使其质坚实。阴雨天气山药易变色发黏，可择晴天用硫黄再熏、晒，晒干或烘干即成毛山药。

光山药 挑选无损伤、冻伤、霉变、空心的优质毛山药，洗净后放入水中浸泡 24 小时，以浸透为度。用硫黄熏，每 100 kg 山药用硫黄 0.5 kg 熏 4～5 小时，然后移入缸内闷至软如绵后取出，清水洗净，捋直。将闷软的山药搓圆、搓直，稍晾干后，再闷软搓第二次，并用刀将光山药的两端切齐，削去疙瘩，修好个体。

亦可在加工毛山药的过程中，把闷至软如绵的毛山药取出，剔除残次品，选品相好的山药晾晒至绵软绕指程度，剔除根痕及残留表皮，将两端修齐，搓成表面光滑、粗细均匀，再晾晒至干。干后将山药在清水中浸湿，取出刮至外皮洁白，然后晒干，然后用铜锣打磨，将表面打磨光滑，即为光山药。

亩产山药干品 250 ~ 300 kg，折干率 20% ~ 30%。

整捆山药放在阴凉通风处贮存。若已切开，可盖上湿布保湿或放入冰箱保鲜；也可削皮后切块，分袋包装，放入冰箱暂时保鲜。

3. 注意事项

新鲜山药切开时会有黏液，可以先用清水加少许醋洗，这样可减少黏液。山药切片后须立即浸泡在盐水中，以防止氧化发黑。

山药质地细腻，味道香甜，建议去皮食用，以免产生麻、刺等异常口感。山药皮易引起皮肤过敏，所以削皮后要多洗几遍手。

五、品质鉴定

毛山药 略呈圆柱形，稍扁而弯曲，长 15 ~ 30 cm，直径 1.5 ~ 6 cm。表面黄白色或浅棕黄色，有明显纵皱及栓皮未除尽的痕迹，并可见少数须根痕，两头不整齐。质坚实，不易折断，断面白色，颗粒状，粉性，散有浅棕黄色点状物。以质重、坚实、粉性足、色洁白者为佳。

光山药 呈圆柱形，两端齐平，长 7 ~ 18 cm，直径 1.5 ~ 3 cm，粗细均匀，挺直。表面光滑，洁白，粉性足。以条粗、质坚实、粉性足、色洁白者为佳。

易与山药混淆的品种如下：

参薯 参薯的干燥根茎多为不规则扁圆柱形，长 7 ~ 14 cm，直径 2 ~ 3 cm；表面浅黄色至棕黄色，有不规则皱纹，并有未除尽的黄褐色栓皮斑块。断面类白色或淡黄色。味淡，微酸。

木薯 木薯的块根直径 1.2 ~ 2.2 cm，黄白色，外皮已除去，切断面乳白色，粉性，近边处可见形成层，中央部位有小的细木心。

甘薯（红苕） 甘薯的块根短柱状或梭状，长 6.5 ~ 17 cm，直径 4 ~ 4.5 cm。表面残留外皮为淡红色或淡黄棕色。切面类白色或淡米黄色，粉性，可见淡棕色点状、线状筋脉点。

六、药材应用

山药味甘、性凉润，入肺经、脾经、肾经，具有健脾胃、益肺肾、补虚羸等功效。主治食少便溏、虚劳、喘咳、尿频、带下、消渴等症，能补肾填精、延年益寿。

现代医学研究发现，山药含有的皂苷、糖蛋白、鞣质、止权素、山药碱、胆碱、淀粉及钙、磷、铁等，具有诱生干扰素的作用，有一定的抗衰老物质基础。由此可见，山药确能补虚疗损，延年益寿。山药以块茎入药，具有降低血脂、血糖和防治高血压、心脑血管疾病以及调节胃肠道等功能，能强壮养颜、补虚抗衰、补气养血、滋阴补阳、扶正祛邪，为滋补、保健的上等佳品。

七、炮制方法

山药片　取原药材，除去杂质，大小条分开，浸泡 3 ~ 4 成透，捞出，闷润至透（中心部软化为度），切片晒干或烘干。

炒山药　取净山药片置锅内，用文火炒至微黄色，取出放凉。

麸炒山药　先取麦麸皮，撒入热锅内，用中火加热，待冒烟时，加入山药片，拌炒至山药片呈淡黄色，取出，筛去焦麸皮，放凉。每 100 kg 山药片，用麦麸 10 kg。

土炒山药　取伏龙肝粉置锅内，用文火炒热，投入山药片，拌炒至表面挂土色，取出，筛去土粉，放凉。每 100 kg 山药片，用伏龙肝粉 30 kg。

米炒山药　取净山药片和米投入热锅内，用文火炒至米呈黄色，取出，筛去米，放凉。每 100 kg 山药片，用米 30 kg。

八、使用方法

煎汤、蒸煮、炒食皆可，也可入丸、散，还可捣敷外用。

【示例】紫米山药粥

原料：鲜山药 1 段，紫米 100 g，红枣 3~5 个，水、冰糖适量。

做法：将紫米淘洗干净，放入清水，浸泡 1 ~ 2 小时。山药去皮切块，红枣去核洗净。紫米泡好后下锅，用旺火煮沸后改用文火，煮至粥将成时，加入山药、红枣，煮 15 分钟后加冰糖调味即成。

该品长期食用能补中益气、健脾养胃、止虚汗，适合脾胃虚弱、体虚乏力、贫血失血、心悸气短者食用。

九、使用禁忌

山药一般无明显禁忌证，但因其有收敛作用，所以患感冒、大便燥结者及肠胃积滞者忌用。

银杏

一、概述

银杏，又名公孙树、鸭脚树等，银杏科银杏属落叶乔木，以种子（去掉外种皮的种子，即白果）和叶入药。种仁味甘、苦、平、涩，无毒，有敛肺气、定喘嗽、止带浊、缩小便、消毒杀虫作用，全国各地均有栽培，为国家一级保护植物。

银杏树是现存最古老的裸子植物，有“植物活化石”的美誉。银杏在自然条件下从栽种到结银杏果（即种子）要 20 多年，40 年后才能大量结果；寿命极长，中国有 3 000 年以上的古树，我国四大长寿观赏树种之一（其余三种为松、柏、槐）。银杏树势挺拔，叶形古雅，夏季碧绿，深秋金黄，具有良好的药用、观赏和经济价值，是园林绿化、行道、公路、田间林网、防风林带的理想栽培树种。

二、生物学特性

1. 生物学特征

银杏，银杏科银杏属落叶乔木，树冠圆锥形，枝近轮生，斜上伸展；雌雄异株。叶互生，在长枝上辐射状散生，在短枝上 3 ~ 5 枚成簇生状，有细长的叶柄，扇形，两面淡绿色，无毛，有多数叉状并列细脉，在宽阔的顶缘多少具缺刻或 2 裂，宽 5 ~ 8 cm，具多数叉状并列细脉。花单性，球状，雌雄异株，生于短枝顶端的鳞片状叶的腋内，呈簇生状。雄球花葇荑花序状，下垂，雄蕊排列疏松，具短梗，花药常 2 个，长椭圆形，药室纵裂，药隔不发；雌球花有长梗，梗端分为 2 杈，少有 3 ~ 5 杈或不分杈，每杈顶生一盘状珠座，胚珠着生其上，内媒传粉，通常仅 1 个杈端的胚珠发育成种子。种子具长梗，下垂，常为椭圆形、长倒卵形、卵圆形或近圆球形，长 2.5 ~ 3.5 cm，径为 2 cm；外种皮肉质，熟时黄色或橙黄色，外被白粉，有臭味；中种皮骨质，白色，具 2 ~ 3 条纵脊；内种皮膜质，淡红褐色；胚乳肉质，味甘略苦。子叶 2 枚，极少 3 枚，发芽时不出土，初生叶 2 ~ 5 片，宽条形，长约 5 mm，宽约 2 mm，先端微凹，4 ~ 5 片叶后生扇形叶，先端具一深裂及不规则的波状缺刻，叶柄长 0.9 ~ 2.5 cm，有主根。花期 4 月，种子成熟期 10 月。

银杏果

2. 生态习性

银杏属阳性树种，喜温暖向阳的环境，抗旱性强，但不耐湿涝；适应性强，对土壤要求不高，适于生长在水热条件比较优越的亚热带季风区，在冬春温暖干燥、夏秋季温暖多雨的气候条件下生长茂盛。

银杏寿命长，雌株一般 20 年左右开始结实，500 年的大树仍能正常结实。一般初期生长较慢，萌蘖性强。在豫西地区常 4 月上旬发芽展叶，4 ~ 5 月开花，9 ~ 10 月果实成熟，11 月上旬落叶。

三、生产栽培管理技术

1. 选地整地

银杏寿命长，因此种植地选择非常重要。根据其喜光怕涝特性，应选择地势较高、阳光充足、土层深厚、排水良好的阳坡定植。育苗地选择土层深厚、疏松肥沃、临近水源、排水良好的沙质壤土。播种前每亩施农家肥 3 000 kg、过磷酸钙 50 kg，深翻整地。

2. 繁殖方法

银杏常采用种子繁殖、分株繁殖和嫁接繁殖。

（1）种子繁殖

采集 人工栽植银杏树种子以采收树龄在 80 年左右的母树为佳。秋季种子成熟后，采收颗粒大、发育饱满的种子，阴干去掉外种皮，晒干收贮待播。

育苗 10～11 月播种，种子随采随播。播种时，先开沟并顺沟浇水，将种子侧放在播种沟内，然后覆土 3～4 cm 并压实，第二年春季出苗，至秋季可长至 15～25 cm，第三年秋即可移栽。

2～3 月播种，播前种子必须经过湿沙层积催芽处理，待 60% 的种子露白时方可播种。播种时，在育苗地按行距 30 cm 开沟点播，每 10 cm 播 1 粒种子，露白处朝下，然后盖细土 4～5 cm，压实整平畦面，盖草保湿保温。每半月揭去盖草，察看出苗情况，及时浇水保墒，除草促长，第二年秋即可移栽定植。每亩播种量 30～40 kg，可育苗 1.5 万～2 万棵。

（2）分株繁殖

利用银杏树根际易生大量萌蘖的特性进行环剥促根。每年 7～8 月，在根茎基部先进行环形剥皮，然后培土。一个多月后，环剥处发出新根，第二年春天便可切离母体定植。

也可以挖沟断根促发新蘖。秋季结合施肥在大龄壮树附近适当的地方挖深、宽各 50 cm 的环状沟，切断侧根，填入混合有机粪肥的土壤，促根生发新苗，生长一年即可切离形成新苗。

利用分蘖繁殖的小苗可以直接定植，无须在苗圃里再进行培育。

（3）嫁接繁殖

嫁接繁殖是银杏栽培中主要的繁殖方法之一，可使植株矮化、株型丰满、早产丰产。一般于春季 3 月中旬至 4 月上旬进行嫁接。接穗多在 20 ~ 30 年树龄、长势旺盛且丰产的雌株上选 2 ~ 3 年生的枝条或者 3 ~ 4 年生、有约 4 个短枝的枝条作接穗，砧木用种子繁殖的实生苗，采用切接或皮下枝接法嫁接。每株一般接 3 ~ 5 枝，嫁接后 5 ~ 8 年开始结果。

3. 移栽定植

银杏以秋季带叶栽植及春季发叶前栽植为主。秋季栽植在 10 ~ 11 月进行。此期栽植，可使苗木根系有较长的恢复期，为第二年春地上部发芽做好准备。春季栽植在春节后至清明节气前进行。此时挖取根蘖苗定植，苗以多细根为佳。由于此时地上部分发芽很快，根系没有足够的时间恢复，所以生长不如秋季栽植的好。

一般定植株行距 5 ~ 6 m 或 7 ~ 8 m。银杏生长较慢，早期可适当密植，一般采用 2.5 m × 3 m 或 3 m × 3.5 m 行株距，每亩定植 88 株或 63 株。封行后再隔株移栽，可提高土地利用率。一般封行后先每隔 1 株移出 1 株，变成 5 m × 3 m 或 6 m × 3.5 m 行株距，每亩 44 株或 31 株。隔几年再进行第二次移栽，仍然是隔 1 株移出栽植 1 株，成 5 m × 6 m 或 6 m × 7 m 行株距，每亩定植 22 株或 16 株。

定植前按预设株行距挖穴，初栽幼苗穴深 50 ~ 60 cm、宽 40 ~ 50 cm，穴挖好后应回填表土并预施含过磷酸钙的发酵粪肥。栽植时，苗木根系应自然舒展，不宜埋得过深。株行对齐，填土踏实，浇水定根，然后培土成丘，以提高成活率。

银杏是雌雄异株植物，要达到高产，应当配置与雌株品种、花期相同的雄株作授粉树，雌雄株合理的配置比例是 20 : 1（按总数的 5% 配置雄树）。配置方式常采用中心式，也可采用四角配置，或者将雄树按风向分散栽植，以利授粉。

4. 田间管理

银杏树喜肥、不耐湿，要求高度通气，因此种植后需加强土壤和肥水管理。

（1）追肥

幼树苗期要多施肥料促长，特别是多施有机肥，如厩肥、腐熟粪肥等。一般种子发芽后，4～5 月除草 1 次，可追施人畜粪水或氮素化肥催苗。7 月和 10 月除草后各追施人畜粪水或土杂肥 1 次。定植后每年春季发芽前及秋季落叶后，在距主干 60～100 cm 外开环状沟，施人畜粪水各 1 次。进入结果期应每年追肥 3 次，第一次于早春 3 月施肥促发，亩施人粪尿 1 500 kg；第二次于夏季结果前期，亩施粪肥 2 000 kg、磷钾肥 100 kg、饼肥 50 kg；第三次在冬季，施腐熟厩肥培土防寒。粪肥可撒施于根际，也可挖放射沟施入，再盖土浇水。

（2）浇、排水

旱季要适当浇水，雨季要及时排除积水。要坚持每年深挖松土 1 次，至少树盘周围土壤要保持疏松状态。深挖松土一般在秋冬结合施肥进行。

（3）整枝修剪

银杏树年生长量较小，一般一年只抽 1 次梢，银杏的花芽只在俗称为铃枝的短枝部位形成，因此银杏一般不需要修剪，或做简单修剪。一般选在冬季落叶后剪除银杏的病虫枝、枯枝、过密枝和重叠枝。也可以通过控制树干高度，使之高度适宜而分枝向四周扩展，从而加速树冠生长，利于早果丰产，也便于采收和管理。

（4）早期间作

银杏株间距大，适宜间作，但马铃薯类易诱发蛴螬的作物不宜选用；烟草、核桃等植物的根系分泌物对银杏生长极为不利，不宜选用；玉米吸肥水多，银杏虽可以与之间作，但必须多施肥料。

（5）人工辅助授粉

人工授粉是提高银杏产量、确保稳产增产的关键。人工授粉的方法很多，最实用的办法是将花粉混成水液，喷雾授粉。以雄蕊转黄时采集雄花为好。采下雄花后，及时摊放干燥。使用时，在 1 kg 雄花中加入 30 kg 水，然后挤捏，洗出花粉，滤去雄花。将含花粉的液体喷洒至银杏树上，可提高坐果率和结果率。

5. 病虫害防治

茎腐病 一般在雨季后发生。病苗基部初现褐色斑块，之后韧皮部腐烂碎裂，苗木枯死。

可在冬季或早春喷 1∶1∶120 的波尔多液防护，发病初期喷施 50% 甲基硫菌灵 1 000 倍液防治，发现病苗及时拔除烧毁。

天牛 可用人工捕杀或放天敌肿腿蜂进行生物防治。

此外还应注意防治铜绿金龟子、黑胸散白蚁、蛴螬等，严重时可撒施麦麸毒饵诱杀防治。

四、采收加工

9 月下旬至 10 月上旬，当银杏种子外皮呈橙黄色或自然脱落时即可采收。采收时，在树下铺上塑料布，用竹竿击落种子，收集运回。银杏叶宜在 11 月经霜脱落时采集，清除病杂，晒干收贮。

银杏种子采回后，摊于阴凉潮湿地上，放置 5 ~ 7 天待外皮腐烂后，放水中揉搓，漂洗出腐果肉等杂物，用清水洗净，晒干收贮备用。

银杏树生长 30 年后始进入盛果期，平均每株每年可产干果 80 ~ 100 kg。

五、品质鉴定

除去外种皮的银杏种子卵形或椭圆形，长 1.5 ~ 3 cm，宽 1 ~ 2.2 cm。外壳（中种皮）骨质，光滑，表面黄白色或淡棕黄色，基部有一圆点状突起，边缘各有 1 条棱线，偶见 3 条棱线。内种皮膜质，红褐色或淡黄棕色。种仁扁球形，淡黄色，胚乳肥厚，粉质，中间有空隙；胚极小。气无，味微甘、苦。以壳色黄白、种仁饱满，断面色淡黄者为佳。

银杏叶以完整无破损，叶色黄绿，气清香者为佳。

白果粒大、光亮、壳色白净者，品质新鲜；如果外壳泛糙米色，一般是陈货。取白果摇动，无声音者果仁饱满，有声音者，或是陈货，或是僵仁。

六、药材应用

银杏性平，味甘、苦、涩，有毒，归肺经、肾经，具有敛肺气、定喘嗽、止带浊、缩小便等功用。主治哮喘、咳嗽、梦遗、小便频数、小儿腹泻、虫积、肠风脏毒，以及疥癣、漆疮等病症，属收涩药下属分类的固精缩尿止带药。

现代医学研究发现，白果有抗菌、祛痰、清除自由基、解痉、降压、抗肿瘤、调节免疫功能、抗脂质过氧化等药理作用；可使主动脉输出量减少，冠状动脉流量增加；能显著提高动物常压耐缺氧能力；具有通畅血管、改善大脑功能、延缓老年人大脑衰老、增强记忆能力、治疗阿尔茨海默病和脑供血不足等功效，还可以保护肝脏、减少心律不齐、防止过敏反应中致命性的支气管收缩等。

经常食用白果，可以滋阴养颜抗衰老，扩张微血管，促进血液循环，使人肌肤、面部红润，精神焕发，延年益寿。近年来常被用于治疗高血压及冠心病、心绞痛、脑血管痉挛、血清胆固醇过高等病症。

七、炮制方法

银杏种仁（即白果仁）与银杏叶皆可作药用，此处主要讲述银杏种仁的炮制方法。

白果仁　取原药材，除去杂质，去壳取仁。用时捣碎。

炒白果仁　取净白果仁，置炒制容器内，用文火加热，炒至黄色、有香气，取出晾凉。用时捣碎。

八、使用方法

将白果横立，用刀把头或其他钝器（如锤子）敲裂。剥开，取出带衣的果仁。水煮开后，将业已去壳的果仁放进沸水里煮 2 ~ 3 分钟（用开水烫一下有助剥去软皮），捞出浸于冷水中，趁热去掉红衣果皮待用。

须特别注意的是，烹调前或食前应先将白果去壳、去膜、去心，以防中毒。

九、使用禁忌

白果仁含有银杏酸、银杏酚和银杏醇等物质，有一定的毒性。生食或熟食过量（毒素遇热后毒性会减弱）会引起中毒，一次食量应控制在 5 ~ 9 g。已发芽的白果仁毒性更强，不能食用。

中毒症状发生在进食白果仁后 1 ~ 12 小时。中毒因人而异，中毒症状轻者表现为全身不适、嗜睡，中毒重者表现为发热、呕吐、腹泻、惊厥、抽搐、肢体强直、嘴唇青紫、恶心、呼吸困难、瞳孔散大、脉弱而乱，甚者昏迷不醒。

解毒方法：中毒轻者服鸡蛋清、活性炭，喝浓茶或咖啡，卧床休息可康复；重者应送医院救治，洗胃、导泻，并对症处理。

此外，忌与鱼同食，不能与阿司匹林或抗凝血药一起吃，手术后的病人、孕妇不吃或慎吃，体虚的人不宜食用。

杜仲

一、概述

杜仲，又名丝棉木、中国胶木，杜仲科杜仲属落叶乔木，以树皮入药，是中国名贵滋补药材。杜仲味甘、性温，有补肝肾、强筋骨、安胎等功效。可治疗肾阳虚引起的腰腿痛或酸软无力、肝气虚引起的胞胎不固、阴囊湿痒等症，在《神农本草经》中被列为上品。

二、生物学特性

1. 生物学特征

杜仲，杜仲科杜仲属落叶乔木，高可达 20 m，胸径粗达 50 cm。树皮灰褐色，粗糙，内含橡胶，折断拉开有白色胶丝，嫩枝初始有黄褐色毛，不久变秃净，老枝有明显的皮孔。叶互生，叶片椭圆形、卵形或矩圆形，薄革质，先端渐尖，基部圆形或阔楔形，边缘有锯齿，叶片正面暗绿色，背面淡绿，老叶略有皱纹。花单生于当年枝基部，花单性，雌雄异株，无花被；雄花苞片倒卵状匙形，顶端圆形；雌花苞片倒卵形，子房 1 室，扁而长，先端 2 裂。翅果扁平，长椭圆形，先端 2 裂，基部楔形，周围具薄翅。坚果位于中央，稍突起，种子扁平，线形，长 1.4 ~ 1.5 cm，两端钝圆。花期 4 ~ 5 月，果期 9 ~ 10 月。

2. 生态习性

杜仲

杜仲为阳性树种，喜温暖湿润的气候和阳光充足的环境，性较耐寒，能耐 -22℃低温。野生杜仲多生长于海拔 300 ~ 500 m 的低山、谷地或低坡疏林里。杜仲根系发达，再生能力强，对土壤没有严格选择，但以土层深厚、土质疏松、富含有机质、土壤中性、排水良好的沙质壤土为宜。

杜仲幼树生长较缓慢，速生期在栽后 7 ~ 20 年，20 年后生长缓慢，50 年后植株生长停止，逐渐枯萎。常年 3 月萌芽，4 月出叶，10 月后落叶，11 月进入休眠期。

三、生产栽培管理技术

1. 选地整地

选择土层深厚、土质疏松、土壤酸性至微碱性、排水良好的向阳坡地种植，周边环境不应有污染源。于当年春季亩施农家肥 3 000 kg，深翻整地做畦。

2. 繁殖方法

以种子繁殖为主。

采种 选用 15 年以上壮龄雌株采种，最好是生长在空旷向阳处、冠大多枝、树势旺盛、结果多、质量好的雌株。不采郁闭树种子。成熟果实种皮新鲜、棕黄至棕褐色、有光泽，种仁处突出明显，种仁充实、饱满，剥出胚乳为米黄色的优质种子。采收后将种子放入 60℃水中浸泡，自然降温，保持 20℃，浸泡 2 ~ 3 天，待种子膨胀、果皮软化后取出，放置于阴凉通风处阴干。应避免烈日暴晒，否则会降低发芽率。保存 1 年以上的种子不可使用。

层积处理　由于杜仲果皮含有胶质，妨碍种子吸水，播种前必须进行层积处理，即将种子埋藏在湿沙里层积处理。层积处理是在整好的育苗床上，按行距 25 ~ 30 cm、深 2 ~ 3 cm 横畦开沟，将种子均匀播入沟内，覆细肥土 2 cm。整平畦面，盖草保湿保温。亩播种量 6 ~ 8 kg，经常保持床土湿润（手捏成团而又不滴水），15 ~ 20 天开始萌芽，此时播种即可。每亩产苗木 2 万 ~ 3 万株。如播期已到但种子仍未露白，可用 20℃温水浸种 36 小时，每 12 小时换 1 次水，随时搅拌，浸后捞出晾干播种。

育苗　育苗地应选择土质疏松、土壤肥沃、排水良好的缓坡地，秋季深翻整地，施足基肥，然后做畦床并进行畦床土壤消毒。平地做苗床时深度为 25 ~ 30 cm，宽 1.0 ~ 1.2 m，长度一般在 3 ~ 5 m。山地做苗床应顺山走势，床面宽 1.2 ~ 1.5 m，便于作业，长度因地势而定。

3 月下旬至 4 月上旬，当气温稳定在 10℃以上时播种。一般采用起垄条播（垄式），将层积处理的种子拌入草木灰和干土，按行距 20 ~ 25 cm、株距 10 cm、深度 2 ~ 3 cm 播入苗床，播后覆土 1 ~ 2 cm，覆土要均匀。播后浇透水，上面盖草或覆盖树叶，防止土壤水分蒸发与晚霜危害。每亩用种量 4 ~ 5 kg。

苗床管理主要是根据土壤墒情及时浇水，避免过干或过湿。出苗后及时拔除杂草。齐苗后及时间苗，剔除过密、病害幼苗。

定植　当苗高 60 cm 以上即可起苗移栽。一般在春季发芽前移栽，移栽前预先按株行距 1.5 m × 2 m 挖好定标穴，穴径 70 cm、深 70 cm，穴底施优质农家肥，每亩施肥量 1 000 ~ 1 500 kg。边起苗边定植，每穴栽苗 1 株。栽后浇透定根水。

3. 田间管理

（1）中耕除草

定植当年中耕 3 ~ 4 次，保墒除草。如与农作物间种，可以结合农作物的中耕除草进行。停止间种后，每年夏季中耕除草 1 次。入冬前，幼树应在根际培土防寒。

（2）追肥

每年春季萌芽前和秋季落叶后各追肥 1 次。春季以氮肥为主，秋季以农家肥或复合肥为主，可以结合中耕除草进行，将厩肥、饼肥混合后在株旁开沟施入。同时还可以用磷钾肥进行根外追肥。

（3）浇、排水

生长期的浇、排水常根据气候条件而定。正常年份可不浇水，夏季旺盛生长季节，如遇干旱应及时浇水，如遇雨季应及时排除积水。有条件的可于萌芽前、新梢生长期、休眠期各浇 1 次，剥皮前 3 ~ 5 天应浇 1 次。

（4）整枝修剪

每年冬季适当剪除树冠下部侧枝，促进主干粗直生长，增加干皮产量。剪除下垂枝、病虫枝、枯枝，使树冠通风透光。

4. 病虫害防治

猝倒病　发病初期用 50% 甲基硫菌灵 1 000 倍液喷雾或者 65% 代森锌可湿性粉剂 500 ~ 600 倍液喷粉，25 天喷 1 次。

叶枯病　发病前喷 1∶1∶200 的波尔多液，发病初期喷 50% 多菌灵 1 000 倍液或者 65% 代森锌可湿性粉剂 500 ~ 600 倍液喷粉，25 天 1 次。

根腐病　发病初期，在树根部外围挖宽 30 ~ 45 cm、深 50 ~ 70 cm 的环状沟 3 ~ 5 条，用 50% 甲基硫菌灵 1 000 倍液以每株 100 ~ 150 g 浇灌防治。

刺蛾、褐蓑蛾　在发生期用 90% 敌百虫 800 ~ 1 000 倍液喷雾防治。

木蠹蛾　可将蘸 80% 敌敌畏乳油原液的棉球塞入树干上的虫道内，并用泥封口，毒杀幼虫。

四、采收加工

杜仲一般种植 10 ~ 15 年及以上才能开始剥皮。杜仲采收年限以定植后 15 ~ 25 年为宜，生产上一般选择树龄 10 年以上、树围在 40 ~ 50 cm 的植株进行环剥。

1. 采收

杜仲皮　一般采取活树环剥。环剥宜在 4 ~ 6 月进行，此期气温较高，空气湿度相对较大，树木进入旺盛生长期。

环剥时，先用锯子在离地面 5 ~ 10 cm 的树干基部锯一环状口，深达木质部，再在上部分枝处下方再锯第二道环状口，在两个环状口之间用嫁接刀纵切一刀，切口的深度以能割断树皮又不伤形成层为度。用刀柄的牛角片在纵横切口交接处撬起树皮，使树皮与木质部分离，注意保护形成层，用竹片刀从纵割口轻轻剥边，然后向两侧均匀撕剥。

剥后将略长于剥下的树皮长度的小竹片或竹竿捆在树干上，用与竹竿等长的塑料薄膜包裹两层，上下捆牢。4 年后又可以环剥树皮。剥皮后应及时浇水、施肥。

杜仲叶　常于定植 4 ~ 5 年后采叶，采叶于 8 ~ 10 月进行。晴天选成熟绿叶采收，自然晒干即可。也可于 10 ~ 11 月落叶前采摘杜仲叶片，去除叶柄，拣出枯叶，晒干药用。

生长 15 年以上的杜仲亩产干杜仲皮 150 ~ 200 kg，杜仲干叶 80 ~ 100 kg。

2. 加工

剥下的树皮用沸水烫后展平，将皮的内面相对，平放在麦草垫底的平地上，层层重叠压紧，加盖木板，上面压石头等重物，使其平整，上下及四周用草围紧，使其发汗，约 7 天后内皮呈暗紫色时，取出晒干，将表面粗皮剥去，修切整齐即可。

常温下置干燥通风处避光贮存，注意防潮、防霉变、防虫害和鼠害。严禁与有毒、有害、有腐蚀性、易发潮、易发霉、有异味的物品混存。

五、品质鉴定

杜仲皮为扁平的板片状或两边稍向内卷的块片，少数为微曲薄片，厚 2 ~ 7 mm。外表面浅棕色或灰褐色，有明显的皱纹或纵裂槽纹，未刮净粗皮者可见纵沟或裂纹，具斜方形横裂皮孔，厚者具纵槽状皮孔，内呈暗紫褐色，质脆，易折断，断面有细密、银白色、富弹性的胶丝相连，气微，味稍苦，嚼之始有颗粒感，后有棉花感。杜仲叶呈暗绿色或褐色，叶片厚实，断面有均匀橡胶丝，银白色，富弹性。无霉变，无杂质。杜仲皮以皮厚、块大、去净粗皮、断面丝多、内表面暗紫色者为佳。杜仲叶以身干、色绿、完整、无杂质者为佳。

汝阳杜仲一般分一级和二级两个等级。

一级杜仲：皮呈扁平状，两端整齐，去净粗皮，表面呈灰褐色，里面黑褐色，质脆，断处有胶丝相连，味微苦，整张长 70 ~ 80 cm、宽 50 cm 以上、厚 0.7 cm 以上，碎块不超过 10%，无卷形、霉变、杂质。

二级杜仲：皮呈卷曲状，内面青褐色，整张长 40 cm 以上、宽 30 cm 以上、厚 0.3 cm 以上，碎片不超过 10%，无霉变，无杂质。

一级干杜仲：叶呈暗绿色，叶片厚实，断面有均匀橡胶丝，银白色，弹性好，无霉变，无杂质。

二级干杜仲：叶呈暗褐色，叶片厚实，断面有均匀橡胶丝，银白色，富弹性，无霉变，无杂质。

六、药材应用

杜仲性温、味甘，归肝经、肾经，有补益肝肾、强筋壮骨、调理冲任、固经安胎的功效。具有降血压、利尿、明显的镇痛、消炎等作用，能增强机体免疫功能，常用于治疗肾虚腰痛、阴囊湿痒、筋骨无力、妊娠漏血、胎动不安、高血压等症，属补虚药下属分类的补阳药。

七、炮制方法

杜仲 除去粗皮，洗净，润透，切成方块或丝条，晒干。

盐杜仲 取杜仲块或丝，加盐水拌匀，闷润，中火炒至断丝、表面焦黑色时取出，及时摊晾。每 100 kg 杜仲，用食盐 2 kg。

八、使用方法

煎服、浸酒，或入丸、散，也可用于食疗。

【示例1】桂枝杜仲粥

原料：桂枝9 g，杜仲18 g，薏苡仁30 g，水、白糖适量。

做法：把桂枝和杜仲加水煎煮取汁，再加薏苡仁煮成稀粥，最后加白糖调味。

该品有温经通络、除湿化瘀的功效。

【示例2】杜仲牛膝猪脊骨汤

原料：杜仲30 g，牛膝15 g，猪脊骨500 g，红枣4个，水、盐适量。

做法：将杜仲、牛膝、红枣（去核）洗净，猪脊骨斩碎，用开水氽去血水，然后一起放入锅内，加清水适量，武火煮沸后，文火煮2~3小时，调味即成。

该品有补肾强筋健骨的功效。

九、使用禁忌

阴虚火旺者慎服。

皂荚

一、概述

皂荚，又名皂荚树、皂角等，豆科皂荚属落叶乔木或小乔木。皂荚树干及树枝生长的棘刺入药，称皂角刺；皂荚的果实入药，称大皂角；皂荚的不育果实入药，称猪牙皂。皂角刺味辛，性温，归肝经、胃经，具有消肿托毒、排脓、杀虫之功效，常用于痈疽初起或脓成不溃，外治疥癣麻风。大皂角具有祛痰开窍、散结消肿的功效，主治湿痰咳喘、中风口噤、痰涎壅盛、神昏不语、癫痫、喉痹、二便不通、痈肿疥癣等症。皂荚种子可治癣及便秘。猪牙皂是皂荚受伤后所结的小型不育果实，味辛、咸，属于温性药，有小毒，归肺经、大肠经，具有祛痰开窍、散结消肿的功效，主治中风口噤、神昏不醒、痰涎壅盛等症。皂荚主产于河南、江苏、湖北、河北、山西、山东等地，广东、四川、陕西等地亦产。

二、生物学特性

1. 生物学特征

皂荚，落叶乔木或小乔木，高可达 30 m。枝灰色至深褐色；刺粗壮，圆柱形，常分枝，多呈圆锥状，长达 16 cm。叶为羽状复叶，纸质，卵状披针形至长圆形，先端急尖或渐尖，顶端圆钝，具小尖头，基部圆形或楔形，有时稍歪斜，边缘具细锯齿，上面被短柔毛，下面中脉上稍被柔毛；网脉明显，在两面凸起；小叶柄被短柔毛。花杂性，黄白色，组成总状花序；花序腋生或顶生，长 5 ~ 14 cm，被短柔毛；雄花直径 9 ~ 10 mm; 花梗长 2 ~ 8 mm；萼片 4，三角状披针形，两面被柔毛；花瓣 4，长圆形，被微柔毛；子房缝线上及基部被毛，柱头浅 2 裂；胚珠多数。荚果带状，茎直或扭曲，果肉稍厚；种子多颗，长圆形或椭圆形，长 11 ~ 13 mm、宽 8 ~ 9 mm，棕色，光亮。花期 3 ~ 5 月，果期 5 ~ 12 月。

2. 生态习性

皂荚属于深根系树种，需要 6 ~ 8 年的营养生长才能够开花结果，结果期长达数百年。皂荚的生长速度慢，但是寿命很长，可存活 600 多年。皂荚喜光而稍耐阴，喜欢温暖湿润气候及深厚肥沃土壤。对土壤要求不高，在石灰质及盐碱甚至黏土里都能够正常生长，在轻盐碱地上也能长成大树。适宜在无霜期 180 天以上，光照不少于 2 400 小时的区域生长。

三、生产栽培管理技术

1. 选地整地

宜选择灌溉方便、排水良好、土壤肥沃的沙质壤土。种植前用 5% 甲拌磷颗粒剂进行防虫处理，每亩用量为 1.5 kg；用 50% 多菌灵可湿性粉剂 1∶500 喷洒土壤，进行灭菌。在山坡地栽植采用穴状或者带状整地。穴状整地在种植点周围 1 m 见方的范围内挖除所有石块、树桩，整地深度 30 cm 以上。带状整地的带距 3 ~ 4 m、带宽 2 m，带间保留自然植被，防止水土流失。在林带内消除杂灌木，将土壤翻松，做成苗床，以便栽植幼苗。整地时，因地制宜，施足基肥，一般每亩用堆肥 1 500 ~ 2 500 kg、饼肥 50 ~ 75 kg、钙镁磷肥 20 ~ 30 kg、硫酸钙 5 ~ 10 kg。堆肥、饼肥要充分腐熟，基肥不能与苗木根系直接接触。

2. 繁殖方法

以种子繁殖为主。生产中常采用育苗移栽或者直播。

（1）育苗移栽

育苗 3月下旬至4月上旬播种。播前苗床施充分腐熟的农家肥作基肥，播种前苗床要浇透水，撒播或条播均可。条播按照条距25 cm开5 cm深的沟，每米播种20～30粒。播种后覆土3～4 cm，并且经常保持土壤湿润。每亩播种量50～60 kg，每亩可以产苗3万～4万株。

苗期管理 皂荚出苗时间较长，出苗有早有晚，要保持床面湿润，出现苗床板结时应及时疏松床面表土，避免伤及幼苗。齐苗后，应及时除草松土，当苗高10 cm时，进行间苗，并按株距10～15 cm定苗；苗高20 cm或者5月底6月初追肥1次，亩施速效化肥10 kg，开沟施入后覆土；旱浇涝排，注意防治地下害虫和各种病害，一年生苗高可达50～150 cm。

移栽 皂荚春秋两季皆可栽植。当年生苗100～150 cm高时，当年可起苗移栽，也可留待第二年用于嫁接优良品种的砧木。一年四季皆可移栽，以11月秋冬季落叶后至第二年春季发芽前最佳。最好选择阴天移栽，移栽时最好带土坨。定植时，平原区株行距为3 m×4 m或4 m×5 m，山区的株行距为2 m×3 m。栽前挖穴，平原地带以60 cm×60 cm×40 cm为宜，山坡地以50 cm×50 cm×30 cm为宜。每穴1苗，栽后浇水、封土、踩实，有灌溉条件的也可选择直接盖土顺畦浇水或整畦浇定根水。

（2）直播

直播应在墒情好的情况下进行，按2～3 m点播，播深5 cm；墒情不好的情况下，应当浇水后再播，或者先开穴，穴内浇水后再下种盖土。

3. 田间管理

（1）中耕除草

定植后，中耕宜浅不宜深。如果与农作物或者其他药材间作，可以结合农作物除草进行。停止间作后，每年6～7月进行中耕除草1次。入冬前，应该在幼树根基培土防寒。

（2）施肥

以有机肥为主，可以兼施氮磷钾复合肥。每株每年施肥量 0.25 ~ 0.5 kg，1 年 2 次，第一次在 3 月中旬，第二次在 6 月中旬。也可以在采收后施肥。施肥方法是在移栽后 1 ~ 3 年，离幼树 30 cm 处沟施；生长 3 年后，沿幼树树冠投影线处沟施。

（3）灌溉

干旱时做好引水、灌溉等抗旱保墒，也可以结合根外追施提高抗旱能力。

（4）整形修剪

可在皂荚幼龄期对枝干进行整形修剪，通过调控枝条发育和均衡树势，达到促进早产、多产、稳产优质的目的。结合整形修剪，还要及时修剪除顶部直立生长的徒长枝，8 月要及时修剪掉枝条顶端的秋梢，以有效提高皂刺的产量和质量。

4. 病虫害防治

炭疽病 发病期间可以喷施 1∶1∶100 的波尔多液，或者 65% 代森锌可湿性粉剂 600 ~ 800 倍液。

立枯病 发病后及时拔除病株，病穴用生石灰拌土消毒处理。

白粉病 发病时可以喷洒 80% 代森锌可湿性粉剂 500 倍液，或者 70% 甲基硫菌灵 100 倍液或 60% 三唑酮乳油 1 500 倍液，以及 50% 多菌灵可湿性粉剂 800 倍液。

褐斑病 发病初期，可以喷洒 50% 多菌灵可湿性粉剂 500 倍液，或者 65% 代森锌可湿性粉剂 1 000 倍液，或者 75% 百菌清可湿性粉剂 800 倍液。

煤污病 可以喷洒 70% 甲基硫菌灵可湿性粉剂 1 000 倍液，或者 50% 多菌灵可湿性粉剂 1 000 倍液，以及 77% 氢氧化铜可湿性粉剂 600 倍液等进行防治。

蚜虫 可喷洒敌敌畏 1 200 倍液进行防治。

蚧虫 可喷洒敌敌畏 1 200 倍液进行防治。

天牛 可将树干涂白，用小棉团蘸敌百虫 100 倍液堵塞虫孔毒杀幼虫；人工捕杀成虫。

四、采收加工

1. 采收

大皂角和猪牙皂 皂荚栽培5～6年后即结果，果实成熟期在10月，变黑成熟后长期宿存枝上不自然下落，但易遭虫蛀，应及时采摘。采收时可用手摘，也可用钩刀割取。

皂角刺 全年均可采收。表面紫棕色或棕褐色，体轻，质坚硬，不易折断。生长在主干上的主刺长圆锥形，长3～15 cm或更长，直径0.3～1 cm。用采收专用工具、修枝剪等采收。采收时避免伤害树皮；生长在枝条上的分枝刺长1～6 cm，刺端尖锐，可在皂荚树整形修剪时采收。采集带刺的枝条后，用皂荚小枝脱刺机或修枝剪采收皂角刺；留在树上的枝刺用修枝剪采集。

2. 加工

大皂角和猪牙皂 拣去杂质，洗净，干燥。

皂角刺 采集后即进行干燥、晒干即可。或趁鲜切片后晒干。切片厚0.1～0.3 cm，常带有尖细的刺端，木部黄白色，髓部疏松，淡红棕色，质脆，易折断。

置于干燥处，防霉。

五、品质鉴定

皂角刺为主刺及1～2次分枝的棘刺，主刺扁圆柱状，长5～18 cm，基部粗0.8～1.2 cm，末端尖锐；分枝刺螺旋形排列，与主刺成60°～80°角，向周围伸出，一般长1～7 cm；次分枝上又常有更小的刺，分枝刺基部内侧常呈小阜状隆起。棘刺全体呈紫棕色，光滑或有细皱纹。体轻，质坚硬，不易折断。药材商品多切成斜薄片，切片厚在2 cm以下，常带有尖细的刺端，切面木质部黄白色，中心髓部松软，呈淡红棕色。质脆，易折断。无臭，味淡。以片薄、纯净、无核梗、色棕紫、切片中间棕红色、糠心者为佳。

六、药材应用

皂角性温、味辛，归肝经、胃经，属活血祛风药，具消肿托毒、排脓、杀虫等功效，中医临床对于痈疽肿毒有较好的治疗效果，一般表现为脓未成者可消，脓已成者可使之速溃。古法常用于痈疽初起或脓成不溃，外治疥癣麻风。

现代医学研究发现，皂角刺具有抗癌抑癌活性，其煎剂对金黄色葡萄球菌和卡他球菌有抑制作用，水浸剂对 S180 肉瘤的抑制率为 32.8%。

七、炮制方法

炒皂荚 取净皂荚置锅内，用中火加热，炒至略膨胀、表面深褐色时，取出放凉。

皂荚炭 取净皂荚置锅内，武火炒至外表面焦黑色，内部焦褐色，取出放凉。

八、使用方法

水煎服，也可用醋煎取汁涂患处，或研末撒，或调敷。

九、使用禁忌

孕妇忌服。痈疽毒溃不宜用。

牡丹

一、概述

牡丹，毛茛科芍药属多年生落叶灌木，以干燥根皮入药，具有清热凉血、活血化瘀、退虚热等功效，为常用大宗药材。牡丹是中国特有的木本名贵花卉，素有“花中之王”的美誉，具有极高的观赏价值，是中国的国花，在中国有数千年的自然生长史和1 500多年的人工栽培历史。主产于河南洛阳、安徽亳州，以及四川、山东、陕西、甘肃等地。牡丹皮以安徽、四川产量大。安徽铜陵凤凰山为牡丹皮之乡，所产丹皮质最佳，称凤丹。

二、生物学特性

1. 生物学特征

牡丹，毛茛科芍药属多年生落叶灌木，高1～1.5 m，根茎肥厚，枝短而粗壮。叶互生，通常为2回3出复叶，偶尔近枝顶的叶为3小叶；柄长5～11 cm；小叶卵形或广卵形，顶生小叶片通常为3裂，侧生小叶亦有呈掌状3裂者，上面深绿色，无毛，下面略带白色，中脉上疏生白色长毛。花单生于枝顶，大形，苞片5；萼片5，覆瓦状排列，绿色；花瓣5片或多数，一般栽培品种，多为重瓣花，玫瑰色、红紫色、粉红色至白色，变异很大，通常为倒卵形，顶端有缺刻，或呈不规则的波状；雄蕊多数,花丝红色,花药黄色；雌蕊2～5枚，绿色，密生短毛，花柱短，柱头叶状；花盘杯状。蓇葖果卵圆形，绿色，被褐色短毛。花期4～5月，果期6～8月。

牡丹

2. 生态习性

牡丹喜温暖、凉爽、干燥、阳光充足的环境，喜光喜肥、耐寒耐旱，怕涝怕高温，忌积水和烈日直射，适宜在土层深厚、疏松肥沃、地势高燥、排水良好的中性沙壤土中生长。在酸性或黏重土壤中会生长不良。温度在25℃以上时，植株会呈休眠状态。开花适温为17～20℃，但花前必须经过2～3个月1～10℃的低温处理才可。最低能耐–30℃的低温，但北方寒冷地带冬季需采取适当的防寒措施，以免受到冻害。

春季土壤解冻、根萌动后鳞芽开始膨大，3月下旬开始展叶，4月下旬至5月上旬为开花盛期，6～8月根生长逐渐加快，8月上旬以后根进入充实期，10月上旬地上部分逐渐枯萎进入休眠期。

三、生产栽培管理技术

1. 选地整地

适宜栽植区域为黄河中下游区域，纬度、温度、湿度适中。应选阳光充足、排水良好、地势高燥（地下水位较低）的地方种植。土壤以肥沃的沙土壤土最好，黏土、盐碱地及低洼地均不宜种植。可间作豆科植物，如大豆。整地前施足基肥，亩施腐熟有机粪肥或堆肥4 000～5 000 kg，耕深30～35 cm，土层深厚的可耕 50 cm。注意地要整平，避免积水烂根。

2. 繁殖方法

常采用种子繁殖和分株繁殖。

牡丹品种较多，由于品种和栽培目的不同，繁殖方法也不一样。药用牡丹多用种子繁殖，观赏牡丹多用分株繁殖。原产于安徽省铜陵的凤凰山牡丹（凤丹），花单瓣，结籽多，繁殖快，根部发达，根皮厚，产量高，质量好，多用种子繁殖。原产于河南洛阳及山东菏泽等地以观赏为目的的牡丹，花重瓣，大而美丽，结籽少，多用分株繁殖。

（1）种子繁殖

采种 选种植 3 年以上的健壮植株，开花时把侧枝生的小花摘除。7 月底 8 月初种子陆续成熟，当果实显深黄色时摘下，应分批采收。采后应放室内阴凉潮湿地上，使种子在壳内后熟，经常翻动，以免发热。待大部分果实开裂、种子脱出即可播种。春播种子需进行湿沙贮存后播种，晒干的种子不易发芽。

种子处理 播前选粒大饱满、无病虫害者作种子。新鲜种子播前用 50℃ 温水浸种 24～30 小时，使种皮变软脱胶，吸水膨胀，促其萌发。

播种 9 月中下旬播种，若播种时间过晚，则当年发根少而短，第二年出苗率低，生长差。穴播、条播均可，按株行距 20 cm × 30 cm 播种，播种不可过深，以 3～4 cm 为度，播后覆土盖平，稍加镇压，随即浇透水。亩播种量 2.5～3.5 kg。高寒地区越冬应撒施粪肥覆盖保温，或者盖草保温。牡丹种子具有上胚轴休眠特性，适宜随采随播。

苗期管理 第二年早春，幼苗出土前浇 1 次水，出苗后春季及夏季各追肥 1 次，每亩追施腐熟厩肥 1 000 kg。应经常松土除草，松土宜浅，并注意防治苗期病虫害。若遇干旱亦需浇水，雨后应及时排除积水。

移栽 当年春季萌发的小苗，春季不宜移栽，可于秋季落叶后择大苗健苗移栽。移栽地须施足基肥，按株行距 40 cm × 60 cm 移栽，栽后培土 6～9 cm。平地按行距 70 cm 起垄，株距 30 cm 定植。定植时挖坑深 30 cm，坑径 18～24 cm，栽时注意使根伸直，填一半时将苗轻轻往上提一下，使根舒展不弯曲，栽深以顶芽低于地面 2 cm 左右，将周围泥土压实，并在顶芽上培土 4～6 cm，使之成小堆，以防寒越冬。

（2）分株繁殖

于 9 月下旬至 10 月上旬收获丹皮时，将刨出的较大的根切下作药。选择生长健壮无病虫害的植株，根据其生长情况，按根丛形状从根系纹理交接处劈开，分成数棵，每棵保留枝条 3～4 枝，留芽 2～3 个，且有较完整的根系。伤口喷抹 1% 硫酸铜防止感染。在整好的土地上，按行株距 40 cm × 60 cm 挖穴，穴深 45 cm 左右，栽法同小苗移栽。移栽时注意使根系舒展挺直，最后封土成堆，栽后半个月浇水，不宜立即浇水。此时，气温和地温较高，牡丹还有相当长的一段营养生长时间，分株栽植后还能生出一些新根和少量的株芽。若分株过迟，当年根部生长很弱，根弱则不耐旱，影响第二年植株生长发育，容易死亡。如分株过早，气温、地温较高，还能迅速生长，容易引起秋发。

3. 田间管理

（1）松土除草

栽后第二年春季出苗后，选择晴天扒开根际周围的土壤，露出根蔸“亮根”，促进主根生长，抑制须根生长。牡丹喜肥耐旱，生长期应勤松土除草，保墒促长，特别是春夏两季，雨后应及时锄地保墒。垄种每次除草后都要进行中耕培土，直至封垄。

（2）追肥

牡丹喜肥，除施足基肥外，每年春季雨水和立秋前后各追肥 1 次，每次每亩施腐熟粪肥 1 500～3 000 kg、饼肥 100 kg。春季少施一些，秋季多施一些。株旁挖穴施入或者将肥施在垄边，然后培土盖肥。

（3）浇、排水

牡丹耐旱，但不耐高温强光照，盛夏如遇干旱应及时浇水，浇水应在晚间进行。牡丹为肉质根，忌积水，雨季要特别注意排除田间积水。

（4）摘蕾、平茬

每年春季现蕾后，除留种子外，及时摘除花蕾，使养分供根系发育，可提高产量。摘花蕾宜在晴天上午进行，以利伤口愈合。

栽植当年，多行平茬，促芽多发。

4. 病虫害防治

灰霉病 阴雨潮湿时发病重。可在冬季清园，消灭病残体。发病前及发病初期喷 1∶1∶120 的波尔多液，每 10 天喷 1 次，连续喷 3～4 次。

斑点病 危害叶片，多在 5 月开花后发生，7～8 月高温高湿多发重发。要选择地势高燥、排水良好的地方栽种，避免高温高湿环境。收获后，将病残体烧毁或深埋，减少越冬菌源。发病初期喷 0.3～0.4 波美度石硫合剂或 600 倍代森锰锌或 97% 敌锈钠 400 倍液，7～10 天喷 1 次，连续喷 3～4 次。

虫害主要有蛴螬、蝼蛄。它们会咬食根系，可用毒饵等常用方法防治。

四、采收加工

移栽 3～4 年后，10 月上旬将整株连根挖起，抖去泥沙，除保留 4～5 根、每根留 20 cm 长外，其余就根基处剪下，趁新鲜用小刀在根皮上划一条直缝，剥去中间木质部（木心）。去木心后将剥下的根皮放在木板上晒干，注意防雨防潮。若去木心后的丹皮未经暴晒而遇雨，极易变黑，质量不佳。去掉的须根，晒干即成丹须。置于阴凉干燥处，防潮，防霉。

一般亩产干品 250～350 kg，高产时可达 500 kg。折干率 35%～40%。

如果行情不好，也可延长生长周期，产量会随生长时间的延长而增加，而质量变化不大，不会出现质量退化等问题。影响生产的主要因素是市场价格，牡丹皮和其他家种品种一样，生产高峰总是和价格高峰相反，所以，牡丹皮也是低入高出做长线投资的好品种。牡丹皮生产一般不受自然灾害影响，因此对供求关系变动影响较小。

五、品质鉴定

牡丹皮药材呈筒状或半筒状或破碎成片状，有纵剖开的裂缝，两面略向内卷曲或张开，外表面灰褐色或黄褐色，有多数横长皮孔及细根痕，栓皮脱落处呈粉红色。内表面淡灰黄色或浅棕色，有明显的细纵纹，常见发亮的结晶（亮星，牡丹酚结晶）。质硬而脆，易折断，断面较平坦，淡粉红色，粉性。气芳香，味微苦而涩。饮片为淡粉红色弯月状或环状薄片。质量以圆直均匀、皮细肉厚、断面色白、粉性足、芳香气浓、亮星状结晶物多者为佳。

六、药材应用

牡丹皮性微寒、味苦辛，归心经、肝经、肾经，有清热凉血、活血化瘀的功效。用于温毒发斑、吐血衄血、夜热早凉、无汗骨蒸、经闭痛经、痈肿疮毒、跌扑伤痛等证。

现代医学研究发现，牡丹皮有抗菌、抗炎、抗过敏、抗肿瘤、止血、祛瘀血、清热解毒、镇静、镇痛、解痉等活性，还能促进单核细胞吞噬功能，提高机体特异性免疫功能，增加免疫器官重量。牡丹花含黄芪苷，可用于调经活血。

七、炮制方法

牡丹皮片 取原药材，除去杂质，清水洗净，切薄片，干燥。

牡丹皮炭 取牡丹皮片，置锅内用中火加热，至表面黑褐色时，喷洒少量清水，灭尽火星，取出晾干，凉透。

酒丹皮 取牡丹皮片，用黄酒拌匀，闷透，置锅内，用文火加热，炒干，取出放凉。每 100 kg 牡丹皮片，用黄酒 12 kg。

炒丹皮 取牡丹皮片，置锅内，用文火加热，微炒至黄色，取出放凉。

八、使用方法

煎服，或入丸、散，还可用于食疗。

【示例】牡丹皮京酱豆腐

原料：猪绞肉 100 g，黑木耳 60 g，荸荠 60 g，豆腐 100 g，赤芍 10 g，牡丹皮 10 g，栀子 5 g，水、米酒适量。

做法：全部药材与清水置入锅中，加清水，以小火加热至沸，约 1 分钟后关火，滤取汁与调味料拌匀，即成药膳调味料。猪绞肉、甜面酱、米酒拌匀。黑木耳腌渍 10 分钟。荸荠和豆腐全部洗净，切小丁备用。炒锅倒入色拉油烧热，放入腌过的绞肉翻炒约 2 分钟，放入黑木耳、荸荠和豆腐，再倒入药膳调味料炒匀即可用。

该品有清热凉血、泻火排毒的功效。

九、使用禁忌

脾胃虚寒而有泄泻者，孕妇及月经过多者都不宜用。

芍药

一、概述

芍药，又名别离草，毛茛科芍药属多年生草本植物，以根入药，有平肝止痛、养血调经、敛阴止汗的作用，属补虚药下属的补血药，为大宗常用中药材。芍药被人们誉为“花仙”和“花相”，被列为“十大名花”之一，又被称为“五月花神”，主产于河南、山东、安徽、浙江、四川、贵州等省，江苏、河北、山西、内蒙古、陕西、湖北、甘肃等地也有栽培。

二、生物学特性

1. 生物学特征

芍药，毛茛科芍药属多年生草本植物，根肥大，圆柱形，棕褐色。茎直立，高 40 ~ 70 cm，光滑无毛，上部分枝。茎下部为 2 回 3 出复叶，向上渐变为单叶，小叶片狭卵形、椭圆形至披针形，先端渐尖，基部楔形，全缘，叶缘密生白色骨质细齿，叶面深绿色，叶背淡绿色，叶脉在下面隆起。花甚大，单生于花茎的分枝顶端；萼片 3，叶状；花瓣 10 片左右或更多，倒卵形，白色、粉红色或红色；雄蕊多数，花药黄色；心皮分离。蓇葖果呈纺缍形，子房 1 室，内含种子 5 ~ 7 粒。花期 5 ~ 6 月，果期 8 月。

2. 生态习性

芍药

芍药喜温暖湿润的气候，喜光喜肥，耐热耐旱耐寒，忌涝、忌连作，宜栽种在土壤疏松肥沃、排水良好的沙质壤土中。芍药的生长发育大致分为三个时期，即茎叶旺盛生长期（返青至现蕾，4～6月）、根旺盛生长期（现蕾至地上部分枯萎，6～9月）和越冬期（地上部分枯萎至第二年返青）。

三、生产栽培管理技术

1. 选地整地

芍药为深根系植物，宜选择背风向阳、光照充足、土层深厚、疏松肥沃、排水良好的地方栽种。土壤以肥沃的沙质壤土为好，黏土及排水不良的低洼地、盐碱地不宜种植，忌连作。栽前施足基肥，深翻土地，整细耙平，平地做畦，畦宽 1.3 m，四周开好排水沟，沟宽 30 cm、深 20 cm。栽种当年秋季深翻整地，翻深 30 cm 以上，翻前每亩施入厩肥 4 000～5 000 kg、过磷酸钙 50 kg、复合肥 30 kg、饼肥 50～100 kg。低洼地起垄栽种，垄距 60～70 cm。

2. 繁殖方法

有种子繁殖、芍头（芽头）繁殖、分株繁殖等方法，主要用芍头繁殖。

（1）种子繁殖

将新鲜种子与湿沙按 1∶3 的比例混合贮存，放于阴凉的室内使种子后熟。芍药种子保鲜发芽率高，不能晒干。9月中下旬播种，行距 25 cm，粒距 4～5 cm。覆土后稍镇压，盖草保湿。第二年5月上旬出苗。育苗 2～3 年后移栽。

（2）芍头繁殖

收获时先将芍药根从芍头着生处全部割下，加工成药材。留下的芍头（红色），选择形状粗大、饱满、无病虫害的芽头，按照大小和芽的多少，顺其生长情况，分切成 2～4 块，每块保留粗壮芽头（芽苞）2～3 个，最好随收随切随栽，也可盖湿沙贮存待栽。

（3）分株繁殖

在收获时将比较粗大的芍根从着生处切下，将笔杆粗细的细根留下，然后按照其芽和根的自然分布，分成 2～4 株，每株留壮芽 1～2 个及根 1～2 条，根的长度保留 15～20 cm，放在湿沙中贮存。

芍药栽种时间在 9 月上旬至 10 月上旬，以早栽为好。栽时按行株距 60 cm × 40 cm 挖穴栽种，穴深 12 cm、直径 20 cm，先挖松底土，施入腐熟厩肥，与底土拌匀，然后每穴栽芍头 1～2 个，或者分株的株苗 1 株，或者种繁苗 1 棵。栽种时要将芽头朝上，摆于正中。用手边覆土边固定芍芽，深度以芽头入土 3～5 cm 为宜。盖以熏土并浇施稀薄的人畜粪水，最后盖土。

3. 田间管理

（1）中耕除草

芍药生长期间要做到有草即锄。出苗后应及时浅锄，随后结合浇水除草进行 3 次中耕，第三次要结合培土。霜降以后，割去地上茎叶，覆土封根过冬。以后每年中耕除草 3～4 次。

（2）追肥

芍药喜肥，栽后第一年苗小可少追肥，第二年春选择晴天扒开根部周围 6 cm 深的土，去掉须根，晾根 2～3 天并追肥 1 次。此后，每年追肥 3 次。第一次施肥，每亩施 1 000 kg 厩肥或者 10 kg 尿素加 10 kg 三元复合肥；第二次于 5～6 月施厩肥 1 500 kg 或者三元复合肥 30 kg；第三次于秋后追施盖头肥，每亩施 1 000 kg 厩肥等有机肥。

（3）摘蕾

花蕾长出时，选晴天将其全部摘除，以利根的生长。

（4）浇、排水

芍药喜旱怕涝，一般不需灌溉。严重干旱时，宜在傍晚浇1次透水。多雨季节应及时清沟排水，防止烂根。

4. 病虫害防治

灰霉病 危害叶、茎、花各部分，多在开花后发生，高温高湿条件下发病较重。可于发病前期喷1∶1∶100的波尔多液，7～10天喷1次，连续2～3次。要注意清洁田园，清除病株，并将其集中烧毁。雨后及时清沟排水，加强田间通风、透光。

叶斑病 常发生在夏季，危害叶片。可于发病前喷1∶1∶100的波尔多液，7～10天喷洒1次，连续喷洒数次。发现病叶及时剪除，清扫落叶，集中烧毁。

锈病 危害叶片，5月上旬发生，高温高湿的7～8月严重。可于发病初期喷洒0.3～0.4波美度石硫合剂或者喷洒97%敌锈钠400倍液，7～10天1次，连续3～4次。选择地势高燥、排水良好的地块种植。清洁田园，将病株烧毁或者深埋，以消灭越冬病原菌。

此外还有蛴螬等虫害危害芍药根部，可用敌百虫防治。

四、采收加工

1. 采收

栽后3～4年收获，收获季节为7～9月。采收时选择晴天，割去茎叶，挖出全根（挖时注意不要伤到肉根），抖去泥土，将较粗的芍根从芍头处切下，剪去侧根，按照大、中、小分为三档，分别堆在室内放2～3天，每天翻堆1次，保持湿润，使其质地柔软。

2. 加工

芍药加工分为擦白、煮芍、干燥三个步骤。

擦白 擦白即擦去芍根外皮。将芍根装入筐内浸泡在水中1～2小时，浸润后捞出，放在木床上搓擦。待芍根皮被擦去后，洗净泥沙，浸泡在清水中。

煮芍 用大锅把水烧开，将芍根按大、中、小三级分别放入沸水中煮，每锅放芍根量以浸没芍根 4 ~ 7 cm 为宜。保持锅水微沸，不断搅动，使芍根受热均匀。按芍根大小、粗细分别煮 15 ~ 25 分钟，直至煮透（芍根表皮发白、有香气、用竹签不费气力就能插进时便已煮透），迅速捞起放入冷水内浸泡，同时用竹刀刮去褐色表皮。一锅水煮 3 次后要换水。

干燥　在晒场上摊开暴晒 1 ~ 2 小时，渐渐堆厚，使表皮慢慢收缩。这样晒的芍根，表皮皱纹细致，颜色好。晒 3 ~ 5 天，在室内堆放 2 ~ 3 天，然后继续晒 3 ~ 5 天，这样反复 3 ~ 4 次，直至里外干透为止。

亩产干品 200 ~ 300 kg，折干率 30% 左右。

五、品质鉴定

中医里常用到的白芍，即为芍药的干燥根。白芍为圆柱形，粗细均匀，大多顺直，长 5 ~ 20 cm，直径 1 ~ 2.5 cm，表面棕色或浅棕色，光洁或有明显的纵皱纹及细根痕，偶见横向皮孔，极少见棕褐色未去尽外皮。质坚实而重，不易折断，断面平坦，灰白色或微带棕色，角质样，木质部呈放射状。气无，味微苦而酸。以身干、质重、圆直、头尾均匀、质坚实、无夹生和炸心、粉性足者为佳。

六、药材应用

白芍味苦酸、性微寒，归肝经、脾经，有平肝止痛、养血调经、敛阴止汗的作用，可用于治疗胸腹胁脘腹痛、肝血亏虚、阴虚发热、月经不调等，属补虚药下属的补血药。

现代医学研究发现，白芍含芍药苷、牡丹酚、芍药花苷等，有解痉、镇痛、抗炎、抗心肌缺血、抗病毒、抑制血小板聚集、保肝等药理作用。此外，白芍还有降血糖、清除自由基、抗氧化等作用。

七、炮制方法

生白芍 除去杂质，洗净，用水浸泡至七成透时，捞出润透，切 2 mm 厚横片，晒干或者烘干。

炒白芍 白芍片置于锅中清炒或者加麸炒成微黄色，取出放凉。

醋白芍 取白芍片，用米醋拌匀，稍闷后置锅内，用文火加热，炒干，取出放凉。每 100 kg 白芍片，用米醋 15 kg。

八、使用方法

煎服，冲服，或入丸、散，还可用于食疗。

九、使用禁忌

胸腹满者忌用。不宜与藜芦同用，虚寒证不宜单用。

紫花地丁

一、概述

紫花地丁，又名野堇菜、空心草、地丁草等，堇菜科堇菜属多年生草本植物，全草入药。属地域性药材，但在全国各大市场都很畅销。

二、生物学特性

1. 生物学特征

紫花地丁，堇菜科堇菜属多年生草本植物，无地上茎，高 4 ~ 14 cm，根茎垂直，节密生。叶基生，具长柄，通常下部叶片较小，呈三角状卵形或狭卵形；上部叶片较长，呈狭卵状披针形或长圆状卵形；基部截形或稍心形，边缘具钝锯齿。花中等大，淡紫色，花瓣倒卵形或长圆状倒卵形，具紫色脉纹；花梗与叶片等长或高出叶片。蒴果长圆形，种子卵球形，淡黄色，似小米。花果期 4 ~ 9 月。

2. 生态习性

紫花地丁喜半阴的环境和湿润的土壤，但在阳光下和较干燥的地方也能生长，耐寒、耐旱，对土壤要求不高，适应性极强，在华北地区能自播繁衍。在半阴条件下表现出较强的竞争性，除羊胡子草外其他草本植物很难侵入，在阳光下可与许多低矮的草本植物共生。

紫花地丁

三、生产栽培管理技术

1. 繁殖方法

紫花地丁属低类小草，很适宜林下兼作，适应性强，容易繁殖，种子似小米状，很容易发芽生长，采集好种子全年均可种植。紫花地丁的种植方法和车前、蒲公英类似，都常用种子繁殖。每年开春时，把园内杂草处理干净之后，按照每亩地用 1.5 kg 种子的标准将种子乱散在锄过的土地上，用土轻轻覆盖即可，一般 3 月上旬就会萌动出苗。

2. 田间管理

紫花地丁生长势强，一般播种 2 个月后就可使地面放青，园内将无其他杂草，生长期不用进行特殊管理。可在其生长旺季到来前追施 1 次有机肥，以促使高产丰产。

3. 病虫害防治

叶斑病　起初只是一个个小褐点，如不及时防治会产生大片的黑斑，致使叶片枯黄。一旦发病，应立即用百菌清 800 倍液喷洒叶面，隔 7~8 天喷洒 1 次，连续 2~3 次。

红蜘蛛　危害叶片，可用石硫合剂喷杀。

介壳虫　在少数植株上发生，一经发现应及时采取刮除、拔除烧毁措施，便可收到显著的防治效果。

白粉虱　可用 0.30% 苦参碱 600~800 倍液喷洒防治。

4. 特别提示

紫花地丁种子细小，露地撒播应先施足基肥，将土地整平，浇透，待水渗下后，将种子与细沙土拌匀，撒至地面，稍用细土将种子覆盖，1 周即可出苗。

四、采收加工

1. 采收

种子 紫花地丁花期在3月中旬至5月中旬，盛花期25天左右，单花开花持续6天，开花至种子成熟约30天，其中4月至5月中旬有大量的闭锁花可形成大量的种子，9月下旬又有少量的花出现，但结实少，不利采收。生产上可在4~5月留意种子的成熟度，随熟随摘。紫花地丁、车前草、蒲公英这三个品种的种子都很贵重，应小心采收。

药材 紫花地丁种子采收完后，在叶子发黄前应及时收割药材，紫花地丁是全草入药。采收时用锄头锄掉带芦头的地上部分。留在地下的根部很快会发芽再生，待长起后又可采收。紫花地丁每年春、夏、秋季都可采收，秋季采收后留在地下的深根第二年早春便可发芽，可连年生长，种一年收多年。

2. 加工

紫花地丁采收后，洗净去杂，晒干即成干品中药材。一般亩产在100 kg以上。

五、品质鉴定

紫花地丁全草多皱缩成团。主根淡黄棕色，直径1~3 cm，有细纵纹。叶灰绿色，展平后呈长圆形或卵状披针形，长1.5~6 cm，宽1~2 cm，先端钝，基部截形或稍心形，边缘具钝锯齿，两面无毛或被细短毛；叶柄有狭翼。花茎细长，花淡紫色，有细管状花距。蒴果长圆形或3裂，种子多数。气微，味微苦。以叶绿、根黄者为佳。

六、药材应用

紫花地丁味苦、微辛，性寒，归心经、肝经，具有清热解毒、凉血消肿，清热利湿的功效。主治疔疮痈肿、痄腮，瘰疬，丹毒，乳痈，肠痈，湿热与泻痢，痢疾，腹泻，黄疸，目赤肿痛，喉痹，毒蛇咬伤。

紫花地丁全草含蛋白质、碳水化合物、多种维生素、矿物质、苷类、黄酮类等成分，全草可食用。

七、炮制方法

紫花地丁段 取原药材，除去杂质，洗净，切段，干燥。

炮制后贮干燥容器内，置阴凉干燥处，防潮。

八、使用方法

煎服、捣敷均可，还可用于食疗。

【示例】蒸紫花地丁

原料：紫花地丁 500 g，面粉 300 g，盐 5 g，色拉油 15 mL，香油 10 mL，调味料适量。

做法：将菜择洗干净，摊开晾去水汽。将晾后的菜另置一锅，放适量色拉油，反复揉搓后放置 5 分钟。然后放适量面粉，反复搅拌至菜表面均匀有一层薄薄的面粉。开水上锅蒸 10 分钟，撒入盐，再蒸 2 分钟。按照个人喜好加入佐料即可食用。

九、使用禁忌

体质虚寒者忌服紫花地丁。阴疽及脾胃虚寒者慎服。

车前

一、概述

车前，又名车轮草、当道、牛遗等，车前科车前属二年生或多年生草本植物，全草入药，是常用中药材。我国大部分地区均有分布，主产于江西、河南、河北、辽宁、山西、四川等地。幼株可食用。除食用、药用外，车前也是不错的绿化品种。

二、生物学特性

1. 生物学特征

车前，车前科车前属二年生或多年生草本植物，连花茎高达 50 cm，具须根。叶根生，具长柄，几与叶片等长或长于叶片，基部扩大；叶片卵形或椭圆形，先端尖或钝，基部狭窄成长柄，全缘或呈不规则波状浅齿，通常有 5 ~ 7 条弧形脉。花茎数个，高 12 ~ 50 cm，具棱角，有疏毛；穗状花序，花淡绿色，每花有宿存苞片 1 枚，三角形；花萼 4，基部稍合生，椭圆形或卵圆形，宿存；花冠小，胶质，花冠管卵形，先端 4 裂，裂片三角形，向外反卷；雄蕊 4，着生在花冠筒近基部处，与花冠裂片互生，花药长圆形，2 室，先端有三角形突出物，花丝线形；雌蕊 1，子房上位，卵圆形，2 室（假 4 室），花柱 1，线形，有毛。蒴果卵状圆锥形，种子4~9枚，近椭圆形，黑褐色。花期6~9月，果期7~10月。

车前

2. 生态习性

车前喜温暖湿润气候，较耐寒、耐旱，适应性强，多野生于山野、路旁、河边湿地、草地等。20~24℃环境下，车前茎叶能正常生长，气温超过32℃则会出现生长缓慢，逐渐枯萎直至整株死亡。

三、生产栽培管理技术

1. 选地整地

车前对土壤要求不高，一般土地、田边角、房前屋后均可栽种，但以较肥沃、湿润的夹沙土或者微酸性的沙质冲积壤土较好。车前根系主要分布在10~20 cm耕作层，因此不用深翻土地，一般浅耕20 cm左右即可。翻地前每亩施有机粪肥4 000 kg，翻后制成1 m宽畦。

2. 繁殖方法

采用种子繁殖。

直播 以春播为宜，3~4月进行。条播、撒播均可，条播方法简单，省时省力。条播按行距20~25 cm开浅沟，沟深1.5 cm。将种子拌细沙均匀撒播后稍盖些土，以不见种子为宜，踩实后浇水，出苗前保持土壤湿润，利于种子发芽。播种10~15天出苗。亩用种量0.5 kg左右。

育苗移栽 播种时间为寒露节气前后或春季，每亩用种量0.5 kg。9~10月，选择肥沃土壤，深翻，施足基肥，做畦。播种时将种子均匀撒在畦面，再撒一层细土，播后上面盖草保湿，每隔3~5天浇水1次，以保持土壤湿润，促进发芽。出苗后除去盖草。第二年2月下旬至3月下旬（苗高7~10 cm时）移栽，按行株距各约 27 cm 开穴，每穴栽苗 2 ~ 3 株。栽后浇施含尿素 0.2% 的定根水，幼苗返青 5 天后开始进行中耕除草追肥。

3. 田间管理

（1）中耕除草

车前种子细小，出苗后生长缓慢，易被杂草抑制，因此幼苗期应该及时拔除杂草。生长期需中耕除草 2 ~ 3 次，直播的多在 5 ~ 6 月进行，育苗移栽的多在收割果穗后进行，封垄后不再中耕。

（2）间苗、定苗

齐苗后按照株距 5 ~ 7 cm 间苗，结合间苗及时拔除杂草。当苗高 6 ~ 7 cm 时，即可结合间苗采收幼苗供食用。

（3）肥水管理

车前喜肥，施肥后叶片生长旺盛且抗性增强，穗多穗长产量高。一般第一次在 5 月，亩施稀薄人畜粪水 1 500 kg，以增强长势。第二次在 7 月上旬幼穗分化期，要控氮补磷、钾、硼肥与激素等，亩施腐熟沼液 750 kg，兑水浇施，或用腐熟的稀粪水 2 000 kg 浇施；同时可亩施草木灰 50 ~ 100 kg，加速养分运转，增强后期抗寒能力；开花前每亩用硼砂 100 ~ 150 g、喷施宝 4 支、10% 吡虫啉 20 g、50% 多菌灵 150 g，兑水 50 kg 喷施，提高受精结荚率，防止虫害危害；在盛花后每亩用磷酸二氢钾 150 ~ 200 g、10% 吡虫啉 20 g、兑水 50 kg 喷施于叶面，防止蚜虫危害。收割第一批果穗之后进行除草，然后追肥，每亩用草木灰 250 ~ 300 kg，促进全草生长。生长期如遇干旱，可适当浇水抗旱。

4. 病虫害防治

车前抗病能力强，很少染病。如遇特殊气候或栽种密度不合理，可能感染。在车前抽穗前后应加强管理，发现病株及时拔除、集中烧毁，用 50% 多菌灵 150 g 兑入 30 ~ 40 kg 水喷洒，每隔 4 ~ 5 天 1 次，连喷 3 ~ 5 次，防止病菌侵染穗部，控制白粉病、穗枯病、褐斑病、白绢病等扩展蔓延。

白粉病 叶的表面或者背面出现一层灰白粉末，严重时会致植株枯死。发病初期用 50% 甲基硫菌灵 1 000 倍液喷洒防治。

褐斑病　危害叶片、花序和花轴，发病叶片病斑圆形，褐色，中心部分灰褐色至灰色，上生黑色小点，受害花序和花轴变成黑色，枯死折断；严重时病叶上病斑连成大片或成片枯死。

可在播种前用70%甲基硫菌灵，或50%多菌灵粉剂掺细沙拌土播种；用无病土育苗，苗床施足基肥（猪牛栏粪或菜枯饼），适量追肥，促进幼苗生长健壮，增强其抗病性。发病初期可喷洒65%代森铵水剂500倍液防治，或者喷施50%多菌灵胶悬剂800~1 000倍液，每出3片叶喷药1次，育苗移植前喷药1次，3月中旬喷药1次，初穗期和穗期各喷药1次。收割后清除病残体进行堆沤腐熟，田埂杂草铲除，并用石灰消毒。

白绢病　又称菌核性根腐病和菌核性苗枯病，危害根部，多发于苗期。4月中下旬为发病期，高温多雨易流行。苗期根部受害，低温多湿呈现“乱麻状”，高温或高湿则呈现“烂薯状”。发现病株及时拔除集中烧毁，病穴周围土壤用石灰消毒；用50%多菌灵或50%甲基硫菌灵1∶500倍液浇灌病区；雨季及时排水，降低田间湿度；水旱轮作。

根腐病　车前肉质根遇积水易烂根，雨季前应及早疏通排水沟，排水防积。一旦发病可以用50%退菌特可湿性粉剂1 000~1 500倍液浇灌。

霜霉病　可以在发病前后用波尔多液喷洒防治。

虫害有蚜虫、蝼蛄，用生物农药正常防治即可。

四、采收加工

车前种子、全草均可入药。以种子入药称车前子，以全草入药称车前草。

1.采收

种子　车前抽穗期较长，车前子是分期成熟的，须分批多次采收，成熟一批采收一批，穗茎籽粒呈深褐色时即可采收，每隔3~5天割穗1次。割穗宜在早上或阴天进行，以防裂果落粒。割时用快刀将成熟的果穗割下或剪下。

全草　在秋季采收全草，车前在旺长后期和戮穗期之前，穗已经抽出与叶片等长且未开花，此时药效最高，可进行全草收割。

2. 加工

种子 将种子在室内堆放 1~2 天，然后置于篾垫上，放在阳光下暴晒，裂果、脱粒。晒干后搓出种子，簸净杂质或者用风车去壳，于干燥处贮存。一般亩产在 120~150 kg。

全草 采收时，要把全草连根拔起。将全草洗净，除去枯叶，晒 2~3 天，待根颈部干燥后收回室内自然回软 2~3 天，可成商品出售，或者晒干后在干燥处贮藏待售。

五、品质鉴定

车前 须根丛生。叶基生，具长柄；叶片皱缩，展平后为卵形或宽卵形，长 4~12 cm，宽 2~5 cm，先端钝或短尖，基部宽楔形，边缘近全缘，波状或有疏钝齿，具明显基出脉 7 条，表面灰绿色或污绿色。穗状花序数条，花在花茎上排列疏离，长 5~15 cm。蒴果椭圆形，周裂，萼宿存，种子黑棕色。气微香，味微苦。以叶片完整、色灰绿者为佳。

大车前 具短而肥的根状茎，并有须根。叶片卵形或宽卵形，长 6~10 cm，宽 3~6 cm，先端圆钝，基部圆或宽楔形，基出脉 5~7 条。穗状花序排列紧密。蒴果椭圆形，周裂，萼宿存，种子黑棕色。气微香，味微苦。以叶片完整、色灰绿者为佳。

平车前 主根圆锥状，直而长。叶基生，具长柄；叶片长椭圆形或椭圆状披针形，长 5~10 cm，宽 1~3 cm，边缘有小齿或不整齐锯齿，基部狭窄，基出脉 5~7 条。穗状花序顶端花密生，下部花较稀疏。蒴果椭圆形，周裂，萼宿存，种子黑棕色。气微香，味微苦。以叶片完整、色灰绿者为佳。

车前子 种子略呈椭圆形或不规则长圆形，稍扁，长约 2 mm，宽约 1 mm。表面淡棕色或棕色，略粗糙不平。于放大镜下可见微细纵纹，于稍平一面的中部有淡黄色凹点状种脐。质硬，切断面灰白色。种子放入水中，外皮有黏液释出。以粒大、均匀饱满、色棕红者为佳。

平车前子 种子长椭圆形，稍扁，长 0.9～1.75 mm，宽 0.6～0.98 mm。表面黑棕色或棕色，背面略隆起，腹面较平坦，中央有明显的白色凹点状种脐。以粒大、均匀饱满、色棕红者为佳。

六、药材应用

车前味甘、性寒，归肝经、肾经、肺经、小肠经，具有利尿、清热、明目、祛痰、镇咳、平喘等作用，常用于治疗水肿尿少、热淋涩痛、暑湿泻痢、痰热咳嗽、吐血衄血、痈肿疮毒等，属利水渗湿药下属分类的利尿通淋药。

现代医学研究发现，车前具有显著的利尿作用，有明显的祛痰、抗菌、降压效果。它能作用于呼吸中枢，有很强的止咳力，能增进气管、支气管黏液的分泌，而且有祛痰作用。

车前子具有清热利尿、渗湿止泻、明目、祛痰的功效，主治小便不利、淋浊带下、水肿胀满、暑湿泻痢、目赤障翳、痰热咳喘。

七、炮制方法

车前子 取原药材，除去杂质，筛去灰屑。

炒车前子 取净车前子置锅内，用文火炒至鼓起，色稍变深，有爆声时，取出放凉。

盐车前子 取净车前子，置锅内用文火炒至鼓起有爆裂声时，喷淋盐水，继续炒干，有香气逸出时，取出放凉。每 100 kg 车前子，用食盐 2 kg。

酒车前子 取净车前子，用黄酒拌匀，置锅内，用文火炒至略带火色，取出放凉。每 100 kg 车前子，用黄酒 125 kg。

八、使用方法

可煎服，或入丸、散，也可用水煎洗或研末调敷，还可用于食疗。

【示例 1】车前竹叶甘草汤

原料：车前叶 100 g，淡竹叶 12 g，甘草 10 g，水、冰糖适量。

做法：将车前叶、淡竹叶、甘草洗净后置于锅中水煎，去渣取汁一大碗，加入冰糖，入砂锅中稍炖即成。代茶饮用。

该品有利尿通淋、清心除烦之效。

【示例 2】车前叶粥

原料：车前叶 50 g，小米 100 g，葱白 1 段，食盐、味精少许，水适量。

做法：将车前叶洗净切碎，葱白切段，备用。小米淘洗干净，入锅中加水煮粥，待熟时下车前叶、葱段和食盐，再炖 10 分钟，调入味精即成。晨起空腹食。

该品可清热、祛痰、利尿、明目，适用于小便不利、淋沥涩痛、尿血、水肿、目赤肿痛、咳嗽痰多等症。

九、使用禁忌

肾虚滑精、内无湿热者忌用，孕妇禁用。

冬凌草

一、概述

冬凌草，又名冰凌草、雪花草、山香草、明镜草、破血丹、野藿香、六月令等，唇形科香茶属多年生草本或亚灌木，小灌木，全株结满银白色冰片。因其植株凝结薄如蝉翼、形态各异的蝶状冰凌片而得名。以全草入药，具有清热解毒、消炎止痛、健胃活血之效，为常用大宗中药材，广泛分布于我国北部、西北部、东部、中部、广西等地。

二、生物学特性

1. 生物学特征

冬凌草，唇形科香茶属多年生草本或亚灌木，株高 30～130 cm。茎直立，四棱形，地上茎部分木质化，中空，基部浅褐色，无毛，上部浅绿色至浅紫色或红紫色，有柔毛，质硬脆，断面淡黄色。叶对生，有柄，近菱形（呈卵形或棱状卵圆形），先端锐尖或渐尖，基部楔形，骤然下延成假翅，边缘具粗锯齿，上表面为棕绿色，有腺点，疏被柔毛，下表面淡绿色。聚伞花序 3～7 花，在枝顶组成窄圆锥花序。花萼开花时钟形，带紫红色，外面密被灰色微柔毛及腺点，花冠淡蓝色或淡紫红色，二唇形，上唇外翻，先端具 4 圆裂，下唇全缘，通常较上唇长，常呈舟状，花冠基部上方常呈浅囊状；雄蕊4，伸出花冠外，花柱先端相等2浅裂，花盘杯状。小坚果倒卵状三角形，褐色，无毛。花期8～10月，果期9～11月。

2. 生态习性

冬凌草属阳性耐阴植物，抗寒性强。萌蘖力强，耐干旱、耐瘠薄，适应性强。冬凌草根系庞大，多分布在0～20 cm的土壤表层中，为浅根系植物。对土壤要求不高。

三、生产栽培管理技术

1. 繁殖方法

（1）种子繁殖

选种　9～10月果实成熟高峰期采种，用0.5～5 mm的筛子筛净种子，置于通风处晾干（严禁在阳光下暴晒以免影响发芽率）。装袋，置于阴凉干燥处贮藏。

种子处理　冬凌草种子为小坚果，外被蜡质，自然繁殖难度大。为了提高种子的发芽率，播种前要进行种子处理。种子的处理方法有两种，一种是温汤浸种，另一种是ABT生根粉浸种。温汤浸种，即将种子投入45℃的温水中浸泡24小时。后播种，温汤浸种处理的种子发芽率可达90%，出苗率可达50%。ABT生根粉浸种，即把种子投入0.01%的ABT生根粉溶液中浸泡2小时后播种。ABT生根粉浸泡后的种子发芽率可达95%，出苗率比温汤浸种的略有提高。

播种　冬播在11月，春播在3月。播种时开沟深2 cm，行距20 cm，以5倍于种子的细沙土或者草木灰、稻糠等拌匀后撒播，覆土1.5 cm。由于播种后覆土较浅，土壤表层易干，应覆以稻糠或者腐殖质。早春干旱时要注意适当浇水，保持土壤表层湿润。在烈日或者干旱的情况下，幼苗易被灼伤，行间盖草可以遮阴保苗。高温、干旱时应及时浇水，雨水过多应及时排水。为了使幼苗生长旺盛，应经常除草、中耕。结合中耕，根据幼苗的生长情况适当施肥、间苗，株距5~8 cm。发现缺苗可选择阴天补栽。

（2）扦插繁殖

插穗的采集与处理　采集当年无病虫害的冬凌草茎或枝条，将其中下部剪成10~15 cm的插穗，每穗保留2~3个芽节，顶芽带2~3个叶片，上部剪口在距离第一个芽1~1.5 cm处平剪，下剪口顺节处平剪，剪口要平滑，不劈裂。剪好后将插穗在清液中浸泡2小时，然后将插穗放于0.01%的ABT生根粉溶液中浸泡0.5~1小时，捞出后即可扦插。

扦插方法　苗床应选择避风、向阳、灌溉条件比较好的地块，做宽1~1.5 m、长5~10 m的畦床，于7~8月将理好的插穗以3.5 cm的株行距插入土中。为了防止损坏或者折断插穗，应事先在床上插个洞，然后将插穗插入，用手略按，使土壤与插穗下部紧密接触。插好后浇水，使土壤保持湿润，15天左右开始生根，成苗率达到85%。采用塑料大棚沙床扦插，棚上要架设遮阳网等材料，插床底铺卵石，上铺豆粒石，最上面铺干净的河沙。5~6月，将处理好的插穗插入苗床，株行距以扦插后叶片不拥挤不重叠为宜。扦插后保持土壤湿润，大棚内空气相对湿度保持在80%~90%，气温控制在30℃以下，5~7天后插穗开始生根发芽，待芽长出2片叶时撤去大棚。

（3）截根育苗

2月，选择二年生（野生的一般为多年生）以上无病虫害的健壮冬凌草植株的根部，切成6~10 cm长的小段，开沟，埋入整好的苗圃畦中，压实后浇水。

（4）分蘖育苗

2月，将冬凌草整丛挖出，然后分根，每株带2~3个根芽，栽入苗床，覆土、压实、浇水。只要注意浇水保墒，就可以保证成活。

2. 田间管理

（1）选地整地

育苗地宜选择地势向阳、疏松肥沃、排灌方便、透气性好、不板结、富含腐殖质的壤土。播种前深耕细耙，深耕20~40 cm，做平畦，并且浇足水，施足基肥。移栽种苗地应选择土层深厚、水土条件好的向阳地带。水土条件较差的山地阴坡优于阳坡。植株地附近要无污染源，交通方便。整地时要根据地块的不同情况采取不同的开垦方式。坡度在 15° 以下的生荒地要全垦，农耕地要穴垦。坡度超过 15° 的可以进行带状垦，要注意防止水土流失，开垦时先将杂草埋入土中，以提高土壤肥力。秋冬季土壤封冻前深耕 40 cm。种植前进一步整地、施肥浇水，镇压保墒，随即挖栽植穴或沟，宽深 20 ~ 30 cm，沟长度视地形而定。

（2）移植

由于冬凌草发叶较早，种苗的移植宜早不宜迟。因此，冬凌草最适宜的栽培时间是在早春 2 月。在苗圃中选择壮苗进行移植。一般情况下，一年生的冬凌草每墩可栽 2 ~ 3 株，二年生的冬凌草每墩可栽 1 ~ 2 株。起苗时尽量不要损伤幼苗的根、皮、芽，严禁用手拔苗。为了提高成活率，一方面要边起苗边移植，并且尽量带土移植；另一方面，如果定植点距离苗圃比较远，挖出的幼苗必须放置在阴凉、潮湿的地方，或者甩掉幼苗根部的土，在根上喷适量的水，然后用塑料膜包裹根部，用尼龙绳捆扎，低温运输。当天不能定植的幼苗，要假植在苗床中，防止脱水。

移植时在穴内施入适量的厩肥，然后盖一层薄土，防止根与肥料直接接触；为了使根系与土壤紧密接触，根要蘸泥浆。泥浆宜稀，防止根系粘连。将种苗置于穴中央，深栽，浅提，分层填土踏实。移植深度以踏实后种苗根茎与地面持平为宜，最后再盖一层土，使根基土略高于地面，以利于保墒。冬凌草的移植密度应该根据地形、土壤等条件和不同栽培目的而定。以采收叶为栽培目的的，株行距一般为 40 cm × 40 cm；立地条件比较差的，株行距一般为 40 cm × 40 cm；以采收种子为栽培目的的，株行距一般为 40 cm × 80 cm；林药间作的株距在 60 cm 左右。

（3）移植后管理

查苗补栽　在 4 ~ 5 月用同龄苗补栽。

中耕除草　及时中耕除草，疏松土壤，消除田间杂草。

肥水管理　每年 6 ~ 8 月是冬凌草开花前生长最旺盛的时期，应适当灌溉，但是要注意防止水分过多。雨季或者低洼易涝地，要及时做好疏沟排涝工作。以采收种子为目的的，由于种子的发育需要大量营养，所以进入生殖初期，应根据生长发育情况适当施肥，以氮磷肥合施为宜。

植株抚育 冬凌草根系生长迅速，萌蘖力比较强，密度逐渐增大。生长到第三年时，由于根系密集，根部生长点开始衰退，影响冬凌草的生物产量。一般在第四年早春隔株挖根或者将根全部挖出后重栽，换新土抚育复壮。新建的冬凌草园，要加强看护，设立防护带，防止牛羊践踏和盲目采收。

3. 病虫害防治

冬凌草一般不会有严重的病虫害，但是长期干旱之后，叶上蚜虫比较多，会影响叶的产量和质量。生产中要注意及时浇水，发现病虫害要及时进行人工捕杀或者将病叶摘下烧毁，不宜用化学药物处理，防止造成污染。

四、采收加工

1. 采收

夏秋二季茎叶茂盛时采割，晒干。5～10 月是冬凌草采收的最好时期。它的特性形似苜蓿，割掉一茬又会长出新的枝条，5～10 月可以采收 2～3 次。采收的时候，用镰刀从其根部上方 10 cm 处割断，割下的冬凌草先暂时放置在根部上晾晒。

2. 加工

将采割后的冬凌草集中摊开在竹苇席子上晒干。晾晒时，用手将枝干上的叶子捋下，采用冬凌草的嫩枝和叶子，晒干后，装入防潮的袋子即可。

五、品质鉴定

茎基部近圆形，上部方柱形，长 30～70 cm。表面红紫色，有柔毛；质硬而脆，断面淡黄色。叶对生，有柄；叶片皱缩或破碎，完整者展平后呈卵形，长

2 ~ 6 cm，宽 1.5 ~ 3 cm；先端锐尖或渐尖，基部宽楔形，急缩下延成假翅，边缘具粗锯齿；上表面棕绿色，下表面淡绿色，沿叶脉被疏柔毛。有时带花，聚伞状圆锥花序顶生，花小，花萼筒状钟形，5 裂齿，花冠二唇形。气微香，味苦、甘。

六、药材应用

冬凌草性微寒、味苦甘，归肺经、胃经、肝经，具有清热解毒、活血止痛的作用，属活血化瘀药下属分类的活血止痛药。

现代医学研究发现，冬凌草有良好的清热毒、活血止痛、抑菌、抗肿瘤作用，对癌细胞有明显的细胞毒反应，与化疗、其他抗癌药物配合治疗癌症有明显的作用；有明显的降压作用；对细胞免疫有一定的兴奋作用；还具有抗菌作用和对平滑肌张力有轻度的抑制作用。

七、炮制方法

将叶与茎分开，叶水洗后稍晾，切段。茎用水浸，润透、切片，分别晒干。干后合在一起，筛去碎屑。

置于干燥处，防霉。

八、使用方法

煎服，茶饮或泡酒。

九、使用禁忌

脾胃虚寒者慎用。孕妇禁用。

金银花

一、概述

金银花，又名忍冬、二花、双花，忍冬科忍冬属半常绿缠绕灌木。花色初为白色，经一二日渐变为黄色，黄白相映，故名金银花；又因一蒂二花，两条花蕊探在外，成双成对，故有二花、双花之称。金银花以干燥花蕾或带初开的花入药，自古被誉为清热解毒的良药。金银花药用价值和保健用途广泛，社会需求量大。金银花在我国大部地区均有出产，山东产量最大，但是河南所产的质量最佳，为道地产地。

二、生物学特性

1. 生物学特征

金银花，忍冬科忍冬属半常绿缠绕灌木，其小枝细长，中空，藤为褐色至赤褐色。叶子卵形对生，枝叶均密生柔毛和腺毛。3 月开花，花成对生于叶腋，唇形，长 2～6 cm，具较长的花冠筒，花冠白色，有时基部向阳面呈微红，后变为黄色，雄蕊和花柱均伸出花冠；花蕾呈棒状，上粗下细，外面黄白色或淡绿色，密生短柔毛；花萼细小，黄绿色；开放花朵筒状，先端二唇形，雄蕊 5，附于筒壁，黄色，雌蕊 1，子房无毛。浆果球形，直径 6 ~ 7 mm，熟时蓝黑色，有光泽。种子卵圆形或椭圆形，褐色，长约 3 mm，中部有一凸起的脊，两侧有浅的横沟纹。花期 4 ~ 6 月（秋季亦常开花），果熟期 10 ~ 11 月。

2. 生态习性

金银花喜温暖湿润气候，喜光，耐寒，耐旱，耐涝，其根系繁密发达，萌蘖性强，茎蔓着地即能生根，适应性很强。野生金银花多生于较湿润的地带，如溪河两岸、湿润山坡灌丛、疏林中。金银花每年春夏两次发梢，花多在新枝上发育，修剪能增加开花次数。

三、生产栽培管理技术

1. 选地整地

金银花适应性很强，对土壤要求不高，荒山、瘠薄的丘陵均可栽培，但以湿润肥沃、土层深厚疏松的腐殖土或者沙质壤土为佳。金银花目前全靠人工采摘，选地时应考虑交通便利，以便将来降低采集成本。

2. 繁育方法

（1）插条繁殖

金银花萌蘖性强，插条繁殖操作简单，成活率高，收益快，为产区普遍采用。插条时间一般选择在雨季进行，在夏秋阴雨天气，选择 1 年以上健壮无病虫害枝条，截成 30 cm 的枝段，剪去下部叶片作插条，随剪随用。又分为直接插条繁殖和扦插育苗繁殖两种方法。

直接插条法　在选好的栽植地上，按行距 1.6 m、株距 1.5 m 开穴，穴深 16 ~ 18 cm，每穴 5 ~ 6 根插条，分散开斜立着埋于土内，地上露出 7 ~ 10 cm，填土压实，栽后浇水保湿，遇干旱年份，应注意浇水并遮阴，避免阳光直晒，以提高成活率。

扦插育苗法　为节省枝条，便于管理，常采用此法。于七、八月间，以透气透水性好的沙质土为育苗土，按行距 25 cm 开沟，沟深 15 cm 左右，把插条按株距 10 cm 斜立着放到沟里，填土压实，然后浇水保湿，后期隔 2 天浇 1 次水，半月左右即能生根，第二年早春或秋季移植大田。

（2）种子繁殖

4 月播种，播前将种子在 35 ~ 40℃ 温水中浸泡 24 小时，取出拌 2 ~ 3 倍湿沙保湿催芽，等种子开口达三成左右即可播种。播时在畦上按行距 25 cm 开浅沟，将种子均匀撒在沟里，然后覆细土 1 cm，每天喷水保湿，10 余天即可出苗，秋后或第二年春季移栽，每亩用种量 1 kg 左右。

3. 田间管理

加强金银花的田间管理，是丰产和增产的主要环节。

（1）追肥

栽植后前两年，植株正处于快速发育期，应多施一些人畜粪肥和复合尿素促长促旺。此后进入花药采收期，每年秋后封冻前或者初春 2 ~ 3 月金银花萌芽前后，应开环沟浇施人粪尿、畜杂肥、厩肥、饼肥、过磷酸钙等肥料，以促进营养生长和生殖生长，多开花多采收。初春第一茬花采收后应及时追施适量氮、磷、钾复合肥料，为下茬花提供充足的养分。化肥宜选用尿素加磷酸二氢铵，硫酸钾复合肥，尿素等。每亩可施 150 g 尿素加 100 g 磷酸二氢铵，或者 250 g 硫酸钾复合肥。

施肥方法是在花棵行间开沟，将肥料撒于沟内，上面用土盖严，浇水灌溉，并随后中耕松土，结合中耕培土。

（2）整枝修剪

合理修剪是提高金银花产量的有效措施。冬剪宜在秋季落叶后到春季发芽前进行。老龄植株，枝条长而繁多，宜重剪，要截长枝，疏短枝，去病枝，以剪去老枝，促发新枝；壮龄植株，以轻剪梳理为主，旺枝轻剪，弱枝强剪，促弱控旺；幼龄植株以培养株型为主，宜轻剪，以促进分枝，加速成冠。对细弱枝、枯老枝、基生枝应全部剪掉，主干要剪去顶梢，使其增粗直立。对肥水条件差的地块剪枝要重些，以促发培新。一般剪后能使枝条直立，去掉细弱枝与基生枝有利于新花的形成。生长期修剪宜在每次采花后进行，以轻剪为主，头茬花后剪夏梢，三茬花后剪秋梢，剪后开花时间相对集中，便于采收加工。

4. 病虫害防治

褐斑病 叶部常见病害，多发于生长后期，多雨潮湿的条件下重发。发病初期，叶片上出现黄褐色小点，后扩大成圆形病斑或受叶脉所限呈不规则多角形病斑，潮湿时背面生有灰黑色霉状物，严重时可致叶片脱落，造成植株长势衰弱。

可通过剪除病叶、清理田间病枝落叶，并将之集中焚毁来防治；可用1∶1.5∶200的波尔多液喷洒，每7~10天喷施1次，连续2~3次；或者用3%井冈霉素50 mg/L液或65%代森锌500倍液或甲基硫菌灵1 000~1 500倍液，每隔7天喷1次，连续2~3次；加强栽培管理，增施有机肥料，增强抗病力。

白粉病 叶部常见病害。发病初期，叶片上产生白色小点，后迅速扩大成白色粉斑，继续扩展布满全叶，造成叶片发黄，皱缩变形，甚至落叶、落花、枝条干枯。

发病初期用50%甲基硫菌灵1 000倍液或农用抗生素生物制剂BO-10喷雾。

蚜虫 4~6月常重发，特别是阴雨天，蔓延更快。常危害叶片、嫩枝，引起叶片和花蕾卷曲，生长停止，产量锐减。

应在雨后注意观察，在发生初期，用灭蚜松（灭蚜灵）1 000~1 500倍液喷雾，连续多次，直至杀灭。

尺蠖与木蠹蛾 主要危害叶片和树干，引起减产。

可在入春后，在植株周围1 m内挖土灭蛹。在幼虫发生初期，用2.5%鱼藤精乳油400~600倍液喷雾，或者用杀螟松按药与水1∶1的比例配成药液浇灌根部，但要注意避开花期使用。

天牛 植株受害后，逐渐衰老枯萎乃至死亡。

可于温度在25℃以上的晴天释放天牛肿腿蜂防治，效果良好。发现虫枝，剪下烧毁；如有虫孔，塞入80%敌敌畏原液浸过的药棉，用泥土封住，毒杀幼虫。

四、采收加工

金银花开放时间集中，必须抓紧时间采摘。

1. 采收

金银花采收最佳时间是清晨和上午，此时采收花蕾不易开放，养分足、气味浓、颜色好，但应选择在早晨露水干后开始。下午采收应在太阳落山以前结束，因为金银花的开放受光照制约，太阳落后成熟花蕾就要开放，影响质量。

金银花商品以花蕾为佳，花蕾以肥大、色青白、握之干净者为佳。因此采摘应选择花蕾上部膨大，但未开放，呈青白色时的蓓蕾采摘。采收过早，花蕾青绿嫩小，产量低；采收过晚，容易形成开放花，降低质量。因此应坚持幼蕾不采，开放花不采，不带入叶子，不混入梗叶杂质，以免影响品质和销售。

由于金银花开花时间不一致，所以要分批采摘。采后应摊开放置，不可堆成大堆，也不宜久放，放置时间最长不要超过 4 小时。

2. 加工

金银花采收后不宜久放，应立即晒干或烘干，以 1 ~ 2 天内晒干为好。晒花时切勿翻动，否则花色会因变黑而降低质量。常将花置于芦席或晒盘内，厚度以 3 ~ 6 cm 为宜，不宜过厚，晒至九成干，拣去枝叶杂质即可。晒干以阴干为好，忌在烈日下暴晒。若遇阴雨天可用微火烘干，烘干要掌握烘干温度。初烘时温度不宜过高，一般 30 ~ 35℃，烘 2 小时后，温度可升至 40℃，促使水汽排出，经 5 ~ 10 小时后室内保持 45 ~ 50℃ 即可。烘 10 小时后鲜花水分已大部分排出，再把温度升至 55℃，使花迅速干燥。一般烘 12 ~ 20 小时可全部烘干，烘干时不能用手或其他东西翻动，否则易变黑，烘干应一次性持续完成，未干时不能停烘，停烘易发热变质。烘干花色较暗，不如晒干或阴干为佳。

将晒干或者烘干的金银花置高燥通风处保存，防潮防蛀。3 ~ 4 年金银花年收 4 茬，亩产干花达 100 kg 左右。

五、品质鉴定

金银花干燥花蕾呈长棒状，上粗下细，略弯曲，长 2 ~ 3 cm，上部直径约 3 mm。外表黄白色或淡绿色，密被短柔毛。花冠厚稍硬，握之有顶手感。花萼细小，黄绿色，先端5裂。气清香，味淡、微苦。以身干、花蕾未开放、色黄白、肥大者为佳。成色越好的金银花药效越好，价值也更高。

六、药材应用

金银花性寒、味甘，入肺经、胃经、心经，具有清热解毒、抗炎、补虚疗风、凉血止痢、降血降火、消咽利膈之功效，属清热药下属分类的清热解毒药，自古被誉为清热解毒的良药。广泛用于各种热性病，如温病发热、热毒血痢、痈疮肿毒、身热发疹、咽喉肿痛等症。金银花善于化毒，毒未成者能散，毒已成者能溃，但其性缓，用需倍加。

现代医学研究发现，金银花含有绿原酸、木樨草素苷等药理活性成分，对金黄色葡萄球菌、溶血性链球菌、大肠杆菌、痢疾杆菌、霍乱弧菌、伤寒杆菌、副伤寒杆菌等多种致病菌有较强的抑制力，对肺炎球菌、脑膜炎双球菌、绿脓杆菌、结核杆菌及上呼吸道感染致病病毒有一定抑制作用，另外还可增强免疫力、抗早孕、护肝、抗肿瘤、消炎、解热、止血（凝血）、抑制肠道吸收胆固醇等，其临床用途非常广泛，可与其他药物配伍用于治疗呼吸道感染、细菌性痢疾、急性泌尿系统感染、高血压和肿瘤等40余种病症。

七、炮制方法

金银花　取金银花，拣净杂质，筛去灰屑。

炒金银花　取净金银花，置热锅内，用文火拌炒，至黄色为度，取出摊开晾凉。

金银花炭　取拣净的金银花，置锅内，用中火炒至表面焦褐色，喷淋清水少许，炒干，取出放凉。

八、使用方法

煎服，还可用于食疗。经常服用金银花茶或煎剂有利于治疗风火目赤、咽喉肿痛、肥胖症、肝热症和肝热型高血压。

【示例】金银花酒

原料：金银花 50 g，甘草 10 g，白酒 150 mL，水 1 L。

做法：将金银花和甘草用 1 L 水，煎取 250 mL，再倒入白酒 150 mL，上火略煎即可。

该品具有清热解毒的功效，主治疮肿、肺痈、肠痈。

九、使用禁忌

脾胃虚寒及气虚疮疡脓清者忌用。

菊花

一、概述

菊花，又名寿客、金英等，菊科菊属多年生宿根草本植物，以干燥头状花蕾入药。菊花有野菊和家菊之分，其中野菊祛毒散火，甘苦微寒，清热解毒，广泛分布于全国各地；家菊清肝明目，主产于安徽、河南、浙江、四川等地。根据产地和加工方法，可细分为杭菊、川菊、亳菊、怀菊、滁菊、贡菊等。

菊花是中国十大名花之一，花中四君子之一，也是世界四大切花（菊花、月季、康乃馨、唐菖蒲）之一。在中国传统文化中，菊花具有清寒傲雪的品格，并被赋予了吉祥、长寿的寓意，深受我国人民喜爱。药用菊花以河南、安徽、浙江栽培最多。

二、生物学特性

1. 生物学特征

菊花，菊科菊属多年生宿根草本植物，高 50 ~ 140 cm。茎直立，略具四棱，通体密被柔毛。叶互生，有短柄，叶柄有浅槽；叶卵形至卵状披针形，基部楔形，边缘具粗大锯齿或深裂。头状花序单生或数个集生于茎枝顶端，直径 2.5 ~ 20 cm，大小不一，颜色和形状因品种而异。总苞片多层，外层绿色，条形，边缘膜质，外面被柔毛；舌状花白色、黄色、红色或紫色。花期9～11月。雄蕊、雌蕊和果实多不发育。

菊花

2. 生态习性

菊花以宿根越冬，宿根能耐-17℃低温。开春前气温稳定在1℃以上开始萌芽出苗，芽梢能耐-5℃低温，苗期（0～10℃）生长慢，后期（生长适温18～21℃）生长快，32℃以上进入孕蕾期，9月现蕾，10月开花，11月盛开，花期30～40天。入冬后，茎上枝叶枯死，在土中抽生地下茎越冬。

菊花喜温暖湿润气候，喜光喜肥，忌荫蔽，耐寒，稍耐旱，怕涝。最适生长温度为20℃左右，严冬季节根可耐-17℃的低温，花期能经受微霜（耐-4℃低温），黄河流域以南大部分地区均可露地栽培。菊花适应性很强，喜地势高燥、土层深厚、富含腐殖质、疏松肥沃而排水良好的沙壤土，在微酸性到中性的土中生长良好，黏重土、低洼积水地不宜栽种。菊花为短日照植物，在短日照下能提早开花，但不同品种对日照的反应也不同。

三、生产栽培管理技术

1. 选地整地

菊花对土壤要求不高，以肥沃疏松、排水良好的壤土为好。生产过程中多与其他作物轮作，也可与桑树、林地及烟草地间作或套作。前作收获后，土壤要深耕1次，深度20～30 cm，结合深耕施入基肥，每亩施2 000～3 000 kg圈肥或堆肥。

2. 繁殖方法

繁殖方法有营养繁殖与种子繁殖两种方法。营养繁殖包括分株繁殖、扦插繁殖、压条繁殖、嫁接繁殖及组织培养繁殖等方式，但以分株繁殖和扦插繁殖最常用。

（1）分株繁殖

11月收花后选优良植株作种菊，用肥土盖好，培土越冬。第二年4月中下旬至5月上旬，待新生芽苗长至15 cm高，便可分株移栽。移栽时选择阴天，将菊花全棵挖出，顺棵分成2～4株，每株均应带有白根和健壮幼苗，剪去老旧病残弱小枝叶，按行株距40 cm × 30 cm开穴栽种，填土压实后浇水。

（2）扦插繁殖（育苗移栽）

4月下旬至5月上旬气温稳定在15～18℃时，即可扦插。扦插时选择健壮、发育良好、无病虫害的田块作为采种田。从母株上选择健壮的幼枝作插穗，从基部平行剪取，使插穗长12～20 cm，除去下部2～3节的叶片，保留顶端2片叶，随剪随插。育苗田按行距24 cm开沟，沟深14 cm。将扦条按7～10 cm株距摆入沟内，埋入土中5 cm，顶端露出3 cm，覆土压实，浇水，遮阴保湿，每隔半月施稀人粪尿1次。

当苗龄在40天左右时，应移栽到大田。产区多在5月下旬至6月上旬移栽。移栽前一天将苗床浇水，带土移栽，6月中旬前定植行株距40 cm × 30 cm，7月上中旬定植行株距则缩小到33 cm × 26 cm。

3. 田间管理

（1）浇、排水

菊花生长前期少浇水，以防枝条旺长，9月孕蕾期注意防旱。生产上应根据天气情况适当浇灌。春季苗期不浇水或是旱浇水。夏季天气炎热，蒸发量大，生长旺盛，可在清晨傍晚浇浅水。立秋前应适当控水、控肥，以防疯长；立秋后孕蕾期至开花前，要加大肥水，保障营养供给。冬季严格控水保越冬。雨季遇连阴雨天则应及时排水防积，以免烂根。

（2）追肥

菊花为喜肥作物，根系发达，生长旺盛，施肥应集中在中后期，以促进后期发棵、花枝多、结蕾多、产量高。生产上一般在移栽定植后 15 天左右施稀人粪尿促发；立秋后孕蕾期，结合浇水追施人粪尿 500 ~ 1 000 kg 或三元复合肥 15 ~ 20 kg；9 月花蕾形成后含苞待放时，施浓肥水，每亩施人粪尿 500 kg，10 ~ 15 kg 过磷酸钙或 0.1% 磷酸二氢钾溶液，以促使花蕾增大，提高产量和品质。菊花喜肥，但应控制施氮肥，以免徒长。

（3）中耕除草

菊花生长期间需中耕除草 3 ~ 4 次，一般应隔 2 个月中耕除草 1 次，视情况在雨后结合中耕除草保墒，后期中耕除草需结合培土。菊花是浅根植物，中耕宜浅不宜深。

（4）打顶

打顶可使主茎粗壮、减少倒伏、增加分枝、提高菊花产量。打顶应选晴天进行，用剪刀将枝条的顶梢剪去 1 ~ 2 cm 即可。第一次在菊苗移栽前 1 周，苗高 25 cm 左右，打去 7 ~ 10 cm 促发枝；第二次于 6 月上中旬，植株抽出 3 ~ 4 个 30 cm 左右的新枝时，打去分枝顶梢；第三次在 7 月上旬全部打顶促现蕾。

4. 病虫害防治

枯萎病 整个生长期均可发生，开花前后发病严重，危害全株并烂根。

可选无病老根留种。可做高畦，开深沟，降低湿度。拔除病株，在病穴撒石灰粉或用 50% 多菌灵 1 000 倍液浇灌。

斑枯病 又名叶枯病。危害叶片，一般于 4 月中下旬发生。

发病初期，摘除病叶，用 1：1：100 的波尔多液和 50% 甲基硫菌灵 1 000 倍液或 65% 可湿性代森锌 500 倍液交替喷施，每隔 7 ~ 10 天喷 1 次，连续喷 3 ~ 4 次。收花后，割去地上植株，集中烧毁，去除病源。

菊花是害虫重要的养料与栖息场所，常见的害虫有蚜虫类、蓟马类、斜纹夜蛾、甜菜夜蛾、番茄夜蛾、菊天牛和二点叶螨等。菊天牛可通过释放天敌昆虫——管氏肿腿蜂进行防治。蚜虫可使用植物性杀虫剂防治。

四、采收加工

1. 采收

整个花期都可采摘，生产上一般结合花期分批采收。

采收时选择花瓣平直，花心散开 2/3，花色洁白的花朵采收。不采露水花，以防腐烂。边采花边分级，鲜花不堆放，置通风处摊开，及时加工。

一般头花约占产量的 50%；二花需隔 5 天后采摘，约占产量的 30%；三花在二花 7 天后采摘，约占产量的 20%。

2. 加工

采收后阴干或焙干，或蒸后晒干。

杭菊常采用蒸熟晒干的方式，操作步骤为摊晾分级，上笼蒸，晒白点。鲜花采收后，分级摊晾半天，然后上笼蒸，上笼厚度以 4 朵花为宜，一锅一笼，蒸煮火力要均匀。笼内温度 90℃左右，时间 3 ~ 5 分钟，蒸后倒在竹帘或竹席上晾晒，日晒 3 小时后翻 1 次，再晒 3 小时然后置室内通风处摊晾，1 周后收获，隔数日再晾至干。

亳菊常采用阴干方式。采收后摊晾分级，置通风处阴干、焙干或者晒干。

一般折干率 15% 左右，亩产干品 60 ~ 80 kg。

五、品质鉴定

杭菊 花朵多为压扁状，朵大瓣宽而疏，碟形或扁球形，直径 2.5 ~ 4 cm，常数个相连成片。外围舌状花少，类白色或黄色，平展或微折叠，彼此粘连。通常无腺点；内部管状花多数，外露。以花朵大而完整，新鲜洁白，花瓣多而紧密，气清香者为佳。

亳菊 花朵倒圆锥形或圆筒形，有时稍压扁呈扇形，直径 1.5 ~ 3 cm。外围舌状花数层，类白色，劲直，上举，纵向折缩，散生金黄色腺点；内部管状花多数，黄色，隐藏于中央。质轻、柔润，干时松脆。气清香，味甘、微苦。

以花朵完整不散瓣、色白(黄)、香气浓郁、无杂质者为佳。

怀菊 花朵呈不规则球形或扁球形，直径1.5～2.5 cm。多数为舌状花，舌状花类白色或黄色，不规则扭曲，内卷，边缘皱缩，有时可见腺点；管状花大多隐藏。

滁菊 花朵为不规则球形或扁球形，直径1.5～2.5 cm。外围舌状花白色，不规则扭曲，内卷，边缘皱缩，有时可见淡褐色腺点；内部管状花大多隐藏。

贡菊 花朵为扁球形或不规则球形，直径1.5～2.5 cm。外围舌状花白色或类白色。斜升，上部反折，边缘稍内卷而皱缩，通常无腺点；内部管状花少，金黄色，外露。常为烘焙品。

六、药材应用

菊花味甘苦、性微寒，归肺经、肝经，具有疏散风热、平抑肝阳、清肝明目、清热解毒的功效，属解表药下属分类的辛凉解表药。主治风热感冒，温病初起，肝阳眩晕，肝风实证，目赤昏花，疮痈肿毒。

现代医学研究发现，菊花有散风清热、清肝明目和解毒消炎等作用，对口干、火旺、目涩，或由风、寒、湿引起的肢体疼痛、麻木等疾病均有一定疗效。主治感冒风热、头痛等症，对眩晕、头痛、耳鸣也有防治作用。

七、炮制方法

菊花 取原药材，除去杂质及残留的梗叶，筛去灰屑。

炒菊花 选择完整菊花，用文火炒至花瓣边缘呈微黑色，取出放凉。

八、使用方法

水煎或沸水泡服，煎水洗或捣敷，还可以用于食疗。

【示例1】菊花粥

原料：菊花 10 g，大米 100 g，水、白糖适量。

做法：将菊花择净，放入锅中，加清水适量，水煎取汁，加大米煮粥，熟后调入白糖，再煮沸即成。

该品有疏风清热、清肝明目、平降肝阳的功效。

【示例2】银耳莲子菊花羹

原料：干银耳、莲子各 30 g，菊花若干，冰糖 2 匙。

做法：银耳洗净，泡水 2 小时，去蒂，撕成小片。莲子洗净，与银耳同放入锅中。锅中倒入 4~5 碗水，熬煮 2 小时左右至所有材料熟烂，放入菊花，加入冰糖调味。

该品有滋阴润肺、益气养心的功效。

九、使用禁忌

气虚胃寒、食少、泄泻者慎用。凡阳虚或头痛而恶寒者均忌用。

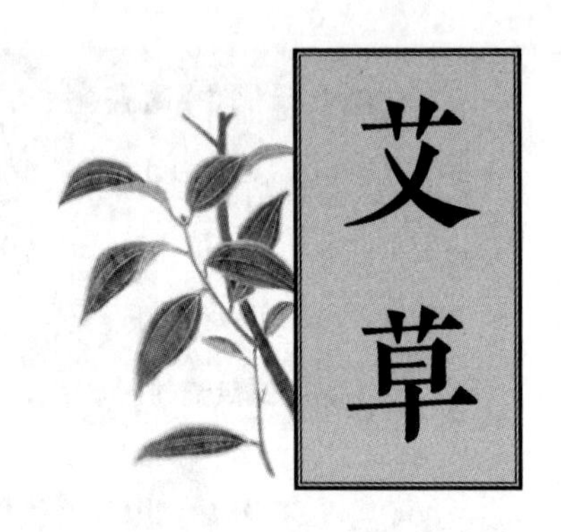

艾草

一、概述

艾草，又名艾蒿、艾叶等，菊科蒿属多年生草本植物，全草入药，有温经、去湿、散寒、止痛、止血、消炎、平喘、止咳、安胎、抗过敏等作用。艾草有浓烈香气，民间常点燃艾草驱蚊虫，有“清明插柳，端午插艾”辟邪消灾之说。主产于湖北、河南，我国的东北、华北、华东、华南、西南地区均有分布。

二、生物学特性

1. 生物学特征

艾草，高 50 ~ 120 cm，茎单生，直立，密被柔毛，上部分枝。茎中部叶卵形、三角状卵形，有柄，羽状分裂，裂片椭圆形至椭圆状披针形，边缘具不规则的锯齿，上面深绿色，有腺点和蛛丝状毛，下面被灰白色柔毛；茎顶部叶全缘或 3 裂。头状花序椭圆形，花冠管状或高脚杯状，长约 3 mm，直径 2 ~ 3 mm，排成复总状；总苞卵形，总苞片 4 ~ 5 层，密被白色丝状毛；小花筒状，带红色，雌花长约 1 mm，两性花长约 2 mm。瘦果椭圆形，长约 0.8 mm，无毛。花果期 7 ~ 10 月。

2. 生态习性

艾草适应性强，分布广，普遍生长于荒地、路旁河边及山坡等地。3 月初在地下越冬的艾草根茎开始萌发，4 ~ 5 月地上茎叶生长旺盛，茎从中部以上有分枝，茎下部叶在开花时枯萎。霜冻后地上部分枯萎，地下部分可在田间越冬。

艾草

三、生产栽培管理技术

1. 选地整地

艾草适应性强，在荒坡、田边、地头均可以种植，以丘陵地区最为适宜，一般选荒坡地、贫瘠地块种植艾草，但以湿润肥沃的土壤生长较好。秋末或早春，翻地整地，浅耕翻地 25 cm 以上，耕前亩施腐熟农家肥 2 000 ~ 3 000 kg。在平地或低洼黏重地块种植，应选择畦栽，栽种前整地打畦，畦宽 1.5 m 左右，畦面中间高两边低，畦沟深 30 cm 左右，以免积水造成病害。

2. 繁殖方法

艾草有根茎繁殖、分株繁殖和种子繁殖等方式，生产上以根茎繁殖为主。

（1）根茎繁殖

根茎繁殖最好在 10 月底至 11 月进行，也可以在早春土壤解冻后、芽苞萌动前挖取多年生地下根茎，将全根挖出。选取嫩的根茎，截成 10 ~ 12 cm 长的根段，晾半天。栽时按行距 40 ~ 50 cm 开沟，把根茎按照 20 cm 左右的株距平放在沟内，再覆土镇压，栽后及时浇水。出苗后要注意及时松土除草和追肥。有条件的地方，栽种前要浇 1 次透墒水。根茎繁殖成活率高，但是苗期较长。

（2）分株繁殖

分株繁殖成活率高并且无幼苗生长期，生长速度快。早春苗高 5 ~ 10 cm 时，从母株茎基分离出带根幼苗或者鲜活的裸根及时栽种。

（3）种子繁殖

于早春播种，可以直播或者育苗移栽，直播行距 40 ~ 50 cm，播种覆土以盖着种子为度，深约 0.5 cm，太厚种子出苗难。出苗后注意松土除草和间苗，苗高 10 ~ 15 cm 时，按照株距 20 ~ 30 cm 定苗。艾草种子小，千粒重 0.12 g，寿命短，过夏天就失去发芽能力。采种应该选 2 ~ 3 年生植株为好，10 ~ 11 月果子成熟时集中采收。

栽种艾草需要每 3 ~ 4 年翻蔸 1 次。去掉老根，防止品种退化。

3. 田间管理

（1）中耕除草

4 月下旬中耕除草 1 次，要求中耕均匀，适当深锄，深度约 15 cm。采收后翻晒土地，清除残枝落叶，疏除过密的茎基和宿根。

（2）追肥

栽植成活当年，苗高 20 ~ 30 cm 时，亩施 5 ~ 6 kg 尿素，阴雨天撒施。每采收一茬后都要追肥，追肥以腐熟的有机肥（稀人畜粪肥）为主，适当配以磷钾肥。

（3）浇、排水

艾草耐旱，但为提高产量，生产中要保持土壤湿润。干旱季节要及时浇水，雨后注意排水。

4. 病虫害防治

每次收获后要将残枝落叶清除干净，进行集中深埋等处理。采收后艾草未发出新芽前，地表喷洒适量敌百虫、多菌灵或者甲基硫菌灵等无公害药物，防治病虫害。

四、采收加工

1. 采收

每年3月初越冬的根茎开始萌发，4月下旬采收第一茬，每亩每茬采收鲜产品750～1 000 kg，每年收获四茬。夏季端午前一周采收第二茬，可在晴天选艾叶生长旺盛、茎秆直立未萌发侧枝、未开花的艾整株割取采收。8月上中旬采收第三茬，10月采收第四茬。

脱取艾叶前，人工清除附着在植株上的藤蔓及其他植物落叶等杂质，自然失水干枯的艾叶同时去除，然后集中用流水冲洗附着在茎秆枝叶上的泥沙，洗净后在晾架上摊开晒干，再脱取艾叶。艾叶应该置于室内通风干燥处摊晾。摊晾叶片时1～2天要翻动1次，以免沤黄。先期勤翻，待晾至七成干时可以3天翻动1次，八成干时可以1周翻动1次。待叶片含水量小于14%时，即为全干。

一般全年亩产艾叶干品500 kg。置于通风干燥处，防火，防潮，防尘。

2. 加工

取陈艾叶经过反复晒、杵，筛选干净，除去杂质后软细如绵，即成粗艾绒，适用于一般灸法。粗艾绒如再经过日晒、杵、筛拣等精细加工，变为土黄色，干干净净没有一点杂质的为细艾绒，细艾绒可用于直接灸法，也是作印泥的原料。产品以质地柔软，香气浓者为佳。如果作为提取艾精油的原料，不需脱叶干燥，用鲜艾叶带茎秆提油更佳。

五、品质鉴定

生艾叶　多皱缩、破碎，完整叶片呈卵状椭圆形，羽状深裂，裂片椭圆状披针形，边缘有不规则的粗锯齿；上表面灰绿色或深黄绿色，有稀疏的柔毛及白色腺点，下表面密生灰白色柔毛。气清香，味苦。

醋艾叶 形如艾叶，清香气淡，略有醋气。

艾叶炭 为焦黑色，多卷曲，破碎。

醋艾叶炭 形如艾叶炭，略有醋气。

艾叶水分不得过15%，总灰分不得过12%，酸不溶性灰分不得过3.0%，含桉油精不得少于0.05%。

六、药材应用

艾叶味辛苦、性温，有小毒，归肝经、脾经、肾经，具散寒止痛、温经止血作用，属止血药下属分类的温经止血药。生品辛热可以解寒，理气血，散风寒湿邪，多用于少腹冷痛、经寒不调、宫冷不孕、吐血、衄血、崩漏经多、妊娠下血。外治皮肤湿疹瘙痒。醋艾叶温而不燥，并能增强逐寒止痛作用，多用于虚寒之证。

现代医学研究发现，艾叶中含有多种挥发油等功能性成分，有平喘、镇咳、祛痰及抗菌、消炎、利胆、抗过敏、增强机体免疫功能等作用。挥发油以生品最高。艾叶中鞣质具有抑制血小板聚集、改善心血管系统、止血作用。

七、炮制方法

艾叶 取原药材，除去杂质及梗，筛去灰屑。

醋艾叶 取净艾叶，加米醋拌匀，闷润至透，置锅内，用文火加热，炒干，取出，及时摊晾。每100 kg艾叶，用米醋15 kg。

艾叶炭 取净艾叶，置炒制容器内，用中火加热，炒至表面焦黑色，发现火星喷淋清水少许，灭尽火星，炒微干，取出摊开晾干。

八、使用方法

煎煮服用，煮水洗敷，灸治，还可用于食疗。

【示例 1】姜艾鸡蛋

原料：生姜 15 g，艾叶 10 g，鸡蛋 2 个，水适量。

做法：加适量水将鸡蛋煮熟。将熟鸡蛋去壳，加入生姜、艾叶共煮，煮熟即可饮汁吃蛋。

该品可治疗月经过多。

【示例 2】艾叶止痛粥

原料：艾叶 30 g，糙米 100 g，水、红糖适量。

做法：艾叶略洗，放入锅中加入适量水，煎煮成浓汁后，去渣取汁备用。在艾叶汤中放入洗净的糙米，煮成稠粥后，再加入红糖即成。

该品具有温经止血、散寒止痛的功效，对于虚寒性体质所引发的痛经有益。

九、使用禁忌

阴虚血热者及宿有失血病者慎用。

附录

2012年卫健委公布的药食同源中药材品种：

丁香、八角、茴香、刀豆、小茴香、小蓟、山药、山楂、马齿苋、乌梢蛇、乌梅、木瓜、火麻仁、代代花、玉竹、甘草、白芷、白果、白扁豆、白扁豆花、龙眼肉（桂圆）、决明子、百合、肉豆蔻、肉桂、余甘子、佛手、杏仁、沙棘、芡实、花椒、红小豆、阿胶、鸡内金、麦芽、昆布、枣（大枣、黑枣、酸枣）、罗汉果、郁李仁、金银花、青果、鱼腥草、姜（生姜、干姜）、枳子、枸杞子、栀子、砂仁、胖大海、茯苓、香橼、香薷、桃仁、桑叶、桑葚、橘红、桔梗、益智仁、荷叶、莱菔子、莲子、高良姜、淡竹叶、淡豆豉、菊花、菊苣、黄芥子、黄精、紫苏、紫苏籽、葛根、黑芝麻、黑胡椒、槐米、槐花、蒲公英、蜂蜜、榧子、酸枣仁、鲜白茅根、鲜芦根、蝮蛇、橘皮、薄荷、薏苡仁、薤白、覆盆子、藿香。

2014新增15种药食同源中药材品种：

人参、山银花、芫荽、玫瑰花、松花粉、粉葛、布渣叶、夏枯草、当归、山柰、西红花 、草果、姜黄、荜茇 ，在限定使用范围和剂量内作为药食两用。

2018新增9种药食同源中药材品种：

党参、肉苁蓉、铁皮石斛、西洋参、黄芪、灵芝、天麻、山茱萸、杜仲叶，在限定使用范围和剂量内作为药食两用。

卫健委公布的可用于保健食品的中药材品种：

人参、人参叶、人参果、三七、土茯苓、大蓟、女贞子、山茱萸、川牛膝、川贝母、川芎、马鹿胎、马鹿茸、马鹿骨、丹参、五加皮、五味子、升麻、天门冬、天麻、太子参、巴戟天、木香、木贼、牛蒡子、牛蒡根、车前子、车前草、北沙参、平贝母、玄参、生地黄、生何首乌、白及、白术、白芍、白豆蔻、石决明、石斛、地骨皮、当归、竹茹、红花、红景天、西洋参、吴茱萸、怀牛膝、杜仲、杜仲叶、沙苑子、牡丹皮、芦荟、苍术、补骨脂、诃子、赤芍、远志、麦冬、龟甲、佩兰、侧柏叶、制大黄、制何首乌、刺五加、刺玫果、泽兰、泽泻、玫瑰花、玫瑰茄、知母、罗布麻、苦丁茶、金荞麦、金缨子、青皮、厚朴花、姜黄、枳壳、枳实、柏子仁、珍珠、绞股蓝、葫芦巴、茜草、荜茇、韭菜子、首乌藤、香附、骨碎补、党参、桑白皮、桑枝、浙贝母、益母草、积雪草、淫羊藿、菟丝子、野菊花、银杏叶、黄芪、湖北贝母、番泻叶、蛤蚧、越橘、槐实、蒲黄、蒺藜、蜂胶、酸角、墨旱莲、熟大黄、熟地黄、鳖甲。

后记

洛阳市农业技术推广服务中心是面向“三农”开展种植、养殖、水产、农机等各专业农业技术推广服务的专门机构。为了贯彻落实“藏粮于地、藏粮于技”战略，大力推广新品种、新技术、新工艺等农业先进技术，洛阳市农业技术推广服务中心积极组织农业专业技术人员和长期从事农业生产的“土专家”“田秀才”编写适合豫西丘陵地区的实用培训教材，本书就是在这样的背景下编写而成的。

这本《道地中药材栽培技术》的编写人员中，有一位特殊的作者，他就是嵩县车村镇的中药材“土专家”——樊留栓。

嵩县车村是伏牛山中药材的故乡，素有“天然药库”之美称。

樊留栓自小就和中药材有缘，还在上学的年龄就在大人的帮助下挖到了第一桶金——0.2 元。1988 年，二十出头的樊留栓率先在本镇街道上开办了中药材收购营销门店，他重质量、讲信誉，与国内一些中药材市场建立了较为可靠的商务联系。几年后，他又和几个志同道合的伙伴组建了嵩县源生中药材农民专业合作社，立足于当地特色中药材，发展集多种中药材生产培育、种植经营为一体的经营实体。合作社发展比较快，带动了当地一些乡亲们走上了种植中药材致富的道路，合作社也逐步成为市级、省级示范社，如今正在努力申报国家级示范社。2018 年，中央电视台原 7 套《农广天地》栏目为他做了 30 分钟的专访，他和他的合作社得到了更多人的关注。

几十年来，樊留栓一直在做这一件自己喜欢的事——中药材种植，在这条道路上深一脚浅一脚不断前进。他勤于钻研、善于学习，不断向高校教授学习，积极参加技术培训，真正做到了实践和理论相结合。他也因此获得了中药材“土专家”、中药材产业发展“带头人”的美誉。

这本书兼具理论性、实用性和针对性，不仅有专业的种植技术，还加入了食疗方面的内容，人们可以根据自己的情况，合理安全地食用。

我们希望，在中药材种植方面“走弯路”的人不断减少，凭借种植中药材富起来的人越来越多。

本书编委会

2022年3月